뇌가 건강해지는

하루 10분 숫자 퍼즐

1 DAYS 10 MINS

가와시마 류타 (도호쿠 대학 교수) 감수

잇북 itBOOK

숫자 퍼즐로 놀면서 뇌를 단련한다

지금 제가 몰두하고 있는 '뇌 이미징 연구'는 MRI나 광토포그래피와 같은 기계로 뇌를 촬영하고, 몸속을 흐르는 혈액의 양에 맞춰 뇌의 어떤 부분이 기능하는지를 조사하는 것입니다.

이 연구에 의해 '글자를 쓴다' '목소리를 내서 읽는다(음독)' '단순계산'과 같은 활동이 뇌의 전두엽에 있는 전두전야를 활성화시킨다는 사실이 과학적으로 밝혀졌고, 또 이 책에 실린 문제도 뇌의 활성화에 큰 효과가 있다는 것이 실험을 통해 입증되었습니다.

뇌의 전두전야는 인간이 인간다운 생활을 영위하기 위해 필요한 고도의 기능을 하는, 뇌에서 가장 중요한 장소입니다. 이 책에 실린 숫자 퍼즐로 전두전야를 단련하면 '생각하는 힘'과 '살아가는 힘'이 좀 더 향상될 수 있습니다.

이 책은 미로 계산 퍼즐, 저울 퍼즐 등 다양한 숫자 퍼즐에 몰입할 수 있도록 구성되어 있습니다. 또 책에 직접 답을 적는 방식이라 매일 꾸준히 함으로써 뇌가 점점 활성화됩니다.

하루 중에서 뇌가 가장 건강한 때는 아침입니다. 아침 일과에 숫자 퍼즐을 넣어보는 것도 좋지 않을까요?

가와시마 류타(도호쿠 대학 교수)

차 례

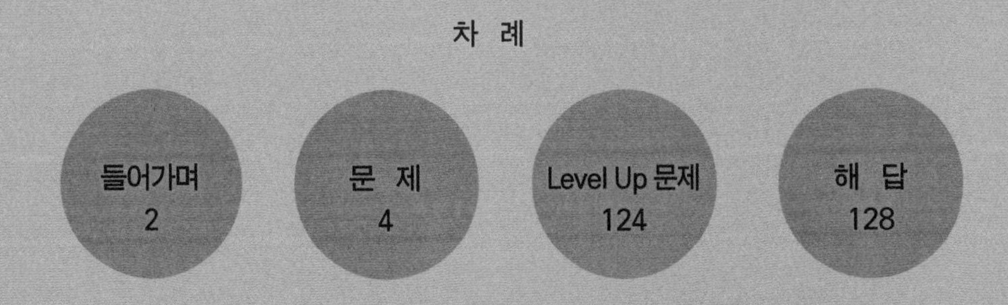

들어가며 2
문 제 4
Level Up 문제 124
해 답 128

즐기면서
뇌 건강을 지키자

뇌가 어떤 작업으로 활성화되는지를 조사하기 위해 도호쿠 대학과 출판사의 공동 연구로 수많은 실험을 했습니다. 이 연구를 통해 이 책에 나오는 것과 같은 계산 문제를 푸는 작업으로 실험했더니 전두엽의 기능이 매우 활발해지는 것을 알 수 있었습니다.

실험은 이 책에 나오는 문제와 같은 덧셈, 뺄셈, 곱셈, 나눗셈을 푸는 작업을 할 때 광토포그래피라는 장치로 뇌의 혈류 변화를 측정하는 방식이었습니다(아래 사진이 실험 모습). 그 결과 옆의 사진을 보면 알 수 있듯이 안정 시에 비해 문제를 풀고 있을 때는 뇌의 혈류가 증가하고 활성화된다는 것이 최신 뇌과학에 의해 판명되었습니다.

이 책에는 단순계산을 이용한 숫자 퍼즐을 게재해놓았습니다. 흥미와 관심을 갖고 풀다 보면 목적의식을 갖기도 쉽고, 뇌의 활성화에 많은 효과가 있을 것입니다. 이 책에 나오는 계산 문제로 매일매일 뇌를 단련해보시죠.

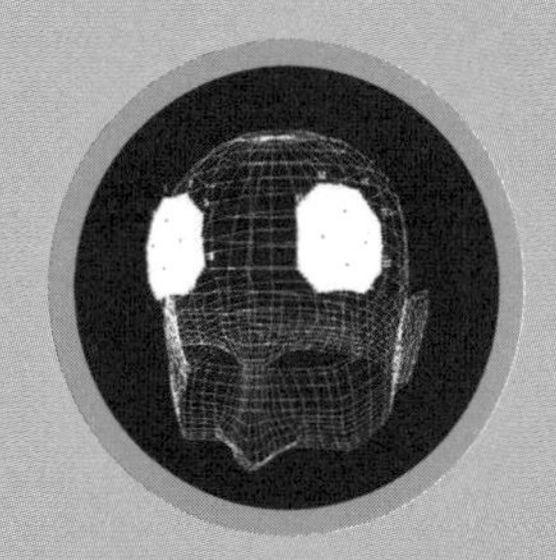

안정 시의 뇌

하얗게 표시되어 있는 것은 뇌가 안정 상태에 있는 것을 나타내고 있다.

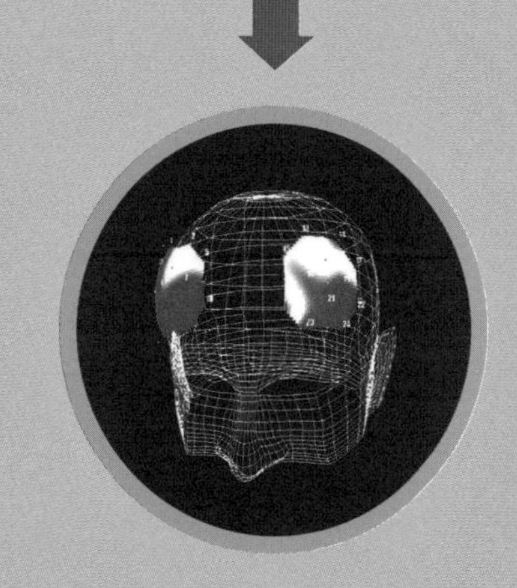

전두엽의 기능이 활발해진다!

단순계산 문제를 풀고 있을 때 문제에 몰두하면 전두엽의 혈류가 늘어 뇌가 활성화된다.

'뇌 활성' 실험 모습

'광토포그래피'라는 장치로 뇌 혈류의 변화를 조사한다. 이 책에 있는 계산 문제가 전두엽을 활성화시키는 데 효과가 있다는 것이 실험을 통해 밝혀졌다.

DAY 1 숫자 그림 다른 부분 찾기

월 일 정답 / 6문제 | 답 128p

아래의 숫자 그림에는 위의 그림과 다른 부분이 있습니다.
아래 그림의 다른 부분에 ○표를 하시오. 다른 숫자 하나당 한 곳으로 셉니다.

위

다른 부분 6곳

토끼

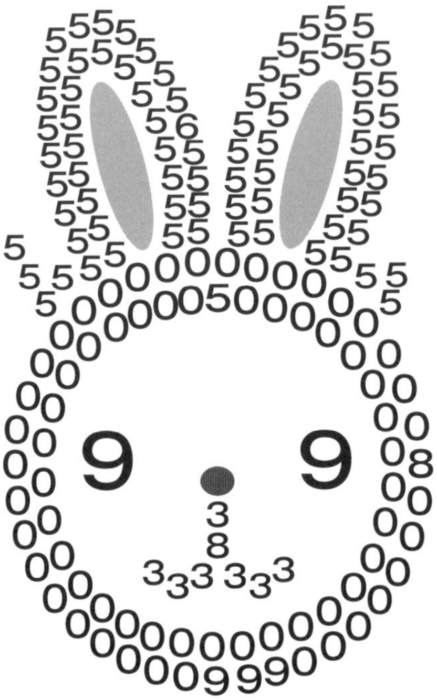

아래

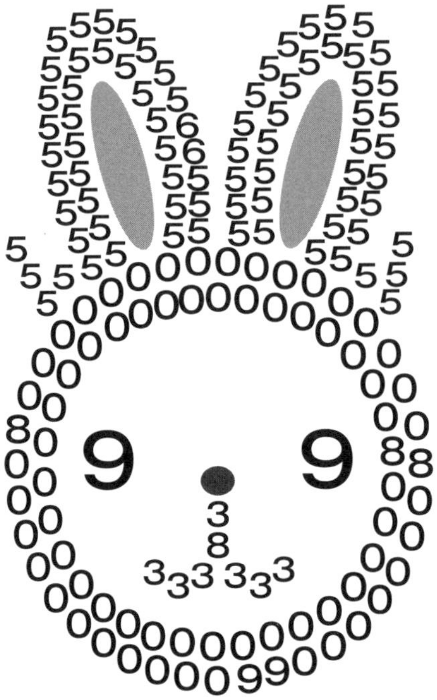

DAY 2 미로 계산 퍼즐

월 일 정답 / 6문제 | 답 128p

출발부터 도착까지 칸막이의 뚫려 있는 곳으로 지나가며 왼쪽 위의 숫자를 더하거나 빼서 답에 해당하는 숫자를 빈칸에 쓰면서 나아가시오.

1 덧셈

출발 1	+1	+3
+7	+5 도착	+2
+4	+9	+10

2 덧셈

출발 3	+1	+6
+7	+11	+5
+8 도착	+13	+9

3 뺄셈

출발 55	−2	−4
−7	−5 도착	−10
−8	−6	−3

4 뺄셈

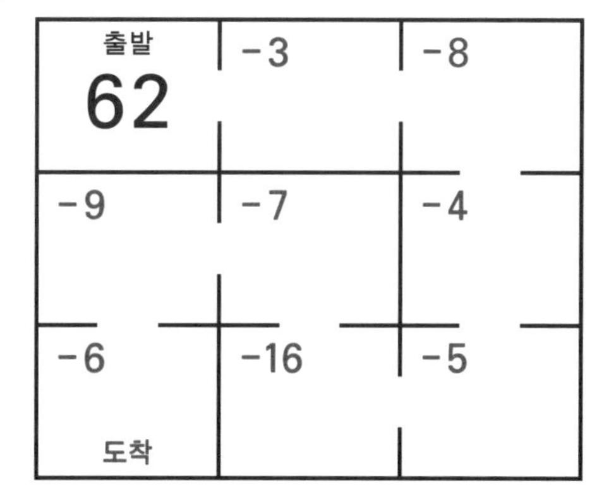

5 덧셈 · 뺄셈

출발 8	+2	+4
−7	+13 도착	−8
+3	+5	−3

6 덧셈 · 뺄셈

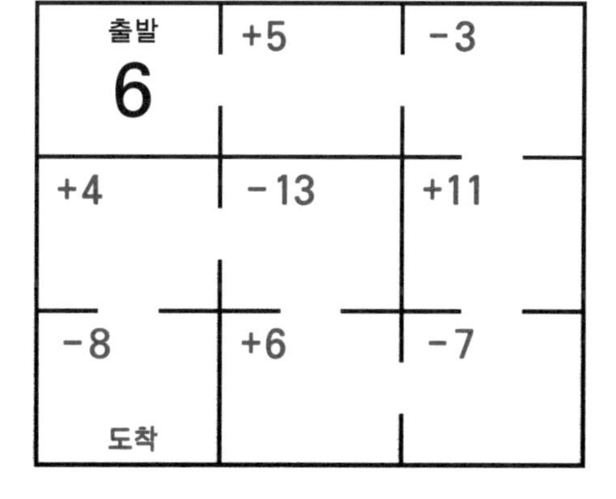

DAY 3 혼합 계산

월 일 정답 / 12문제 | 답 128p

계산을 해서 답을 숫자로 쓰시오. 글자를 숫자로 써서 계산해도 됩니다.

1. 여덟 + 칠 =
2. 여든 − 예순 =
3. 삼십오 −  =
4. 쉰셋 + 이십 =
5. 사십삼 +  − 서른여섯 =
6. 열여섯 ÷ 사 =
7. 구 × 다섯 =
8. 사십이 + 서른하나 =
9. 아흔여섯 ÷  =
10. 일흔셋 − 열여덟 =
11. 마흔 + 일흔여덟 =
12. 오십삼 − 마흔둘 =

별 모양 퍼즐

월 일 정답 / 2문제 | 답 128p

예와 같이 삼각형의 꼭짓점에 있는 숫자 세 개를 더하면 한가운데의 숫자가 됩니다.
비어 있는 ○ 안에 맞는 숫자를 쓰시오.

예

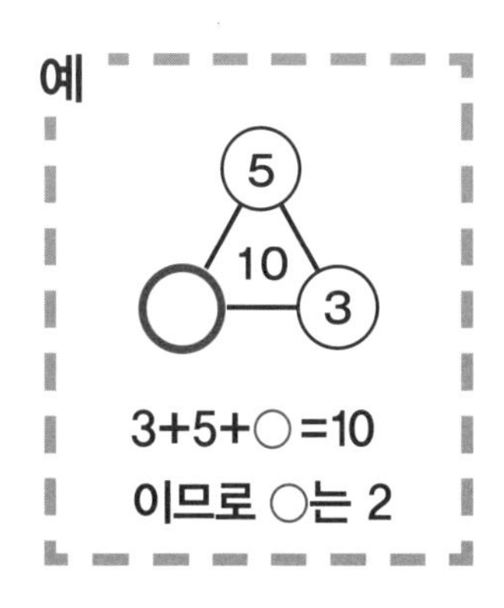

1

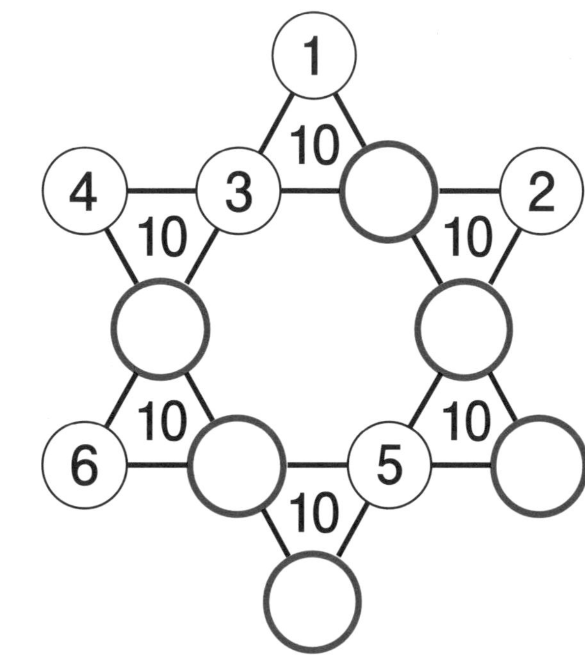

2

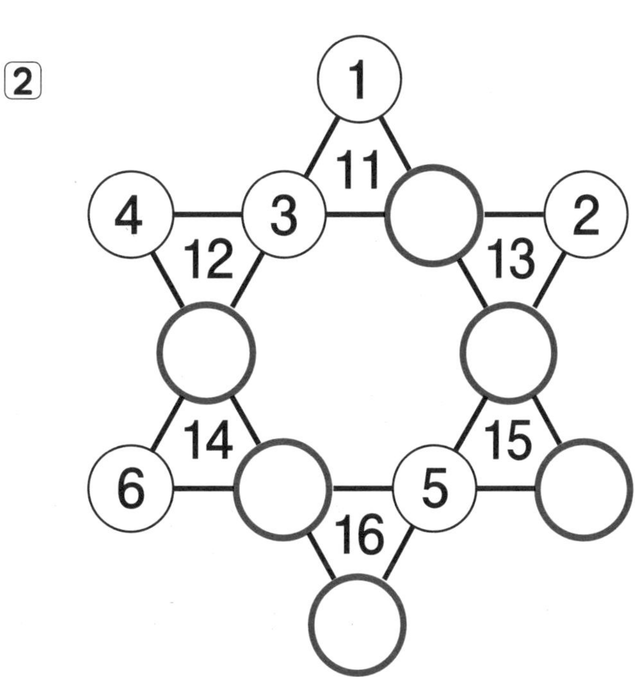

DAY 5 쌍 덧셈

월 일 정답 / 6문제 | 답 128p

두 개의 숫자를 더하면 100이 되는 쌍이 세 쌍 있습니다. □ 안에 답을 쓰시오.

1

63	36	3	51	86	7
16	96	34	39	1	29
70	17	21	87	41	52
98	80	8	95	31	14
9	10	53	49	18	19
60	92	58	12	72	15

□ 와 □

□ 와 □

□ 와 □

2

73	35	12	31	37	89
79	58	90	99	70	5
26	72	4	32	80	36
25	78	54	83	2	10
45	39	38	93	52	44
81	24	77	68	67	55

□ 와 □

□ 와 □

□ 와 □

DAY 6 숫자 그림 다른 부분 찾기

월 일 | 정답 / 8문제 | 답 128p

아래의 숫자 그림에는 위의 그림과 다른 부분이 있습니다.
아래 그림의 다른 부분에 ○ 표를 하시오. 다른 숫자 하나당 한 곳으로 셉니다.

위

다른 부분 8 곳

아래

DAY 7 벌집 퍼즐

월 일 정답 / 6문제 | 답 128p

이웃하는 ⬡ 안의 수를 더한 수가 아래의 ⬡ 안에 들어갑니다.
⬡ 안에 맞는 수를 쓰시오.

1

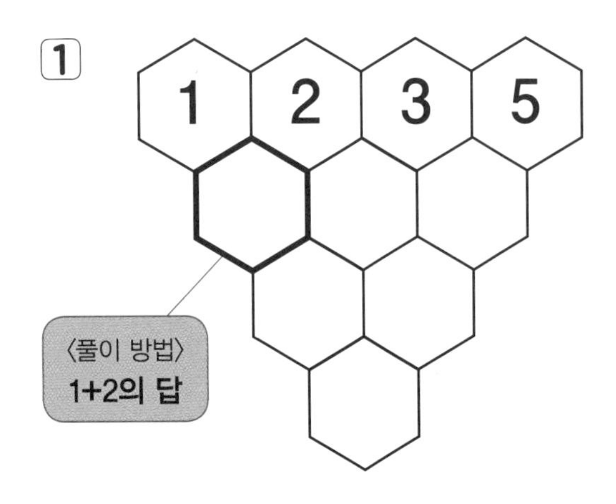

2

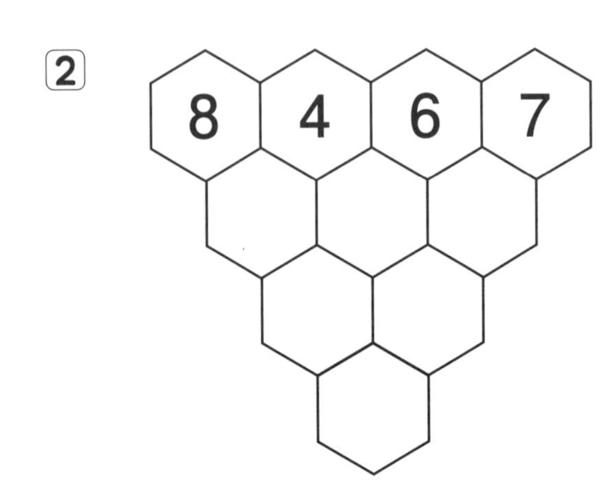

3

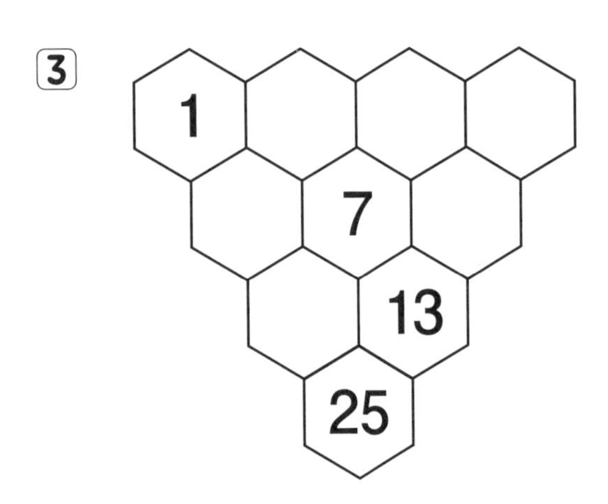

4

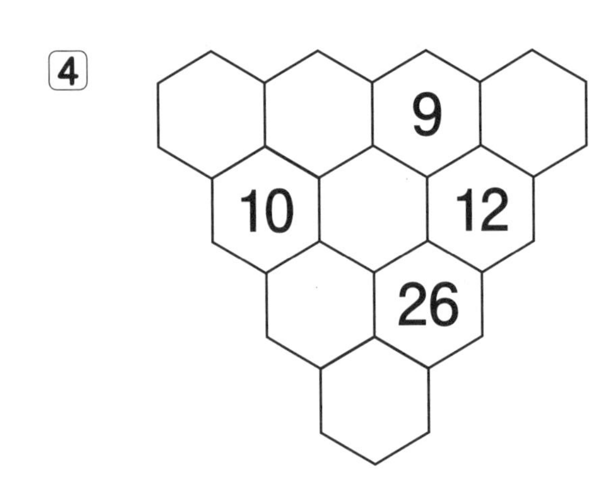

5

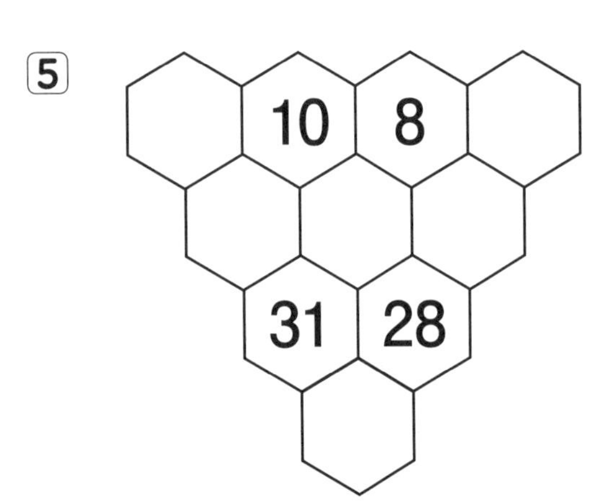

6

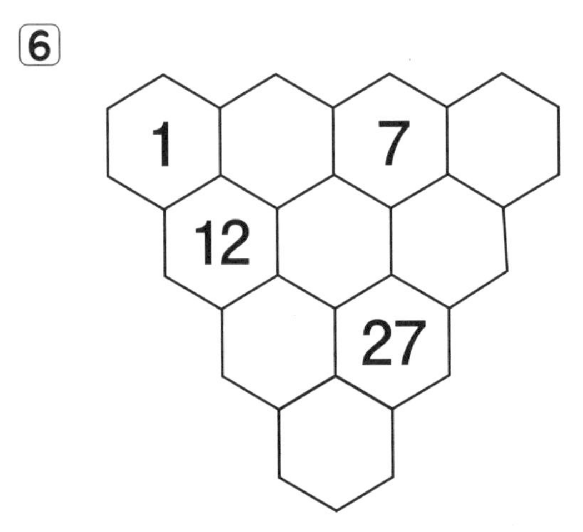

DAY 8 마방진

월 일 정답 / 5문제 | 답 128p

가로 · 세로 · 대각선으로 더한 수의 합계가 각각 18이 되도록 □ 안에 맞는 수를 쓰시오.

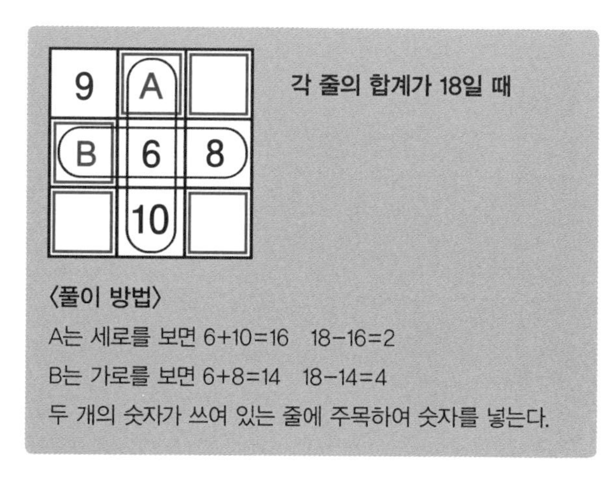

〈풀이 방법〉

A는 세로를 보면 6+10=16 18−16=2

B는 가로를 보면 6+8=14 18−14=4

두 개의 숫자가 쓰여 있는 줄에 주목하여 숫자를 넣는다.

1

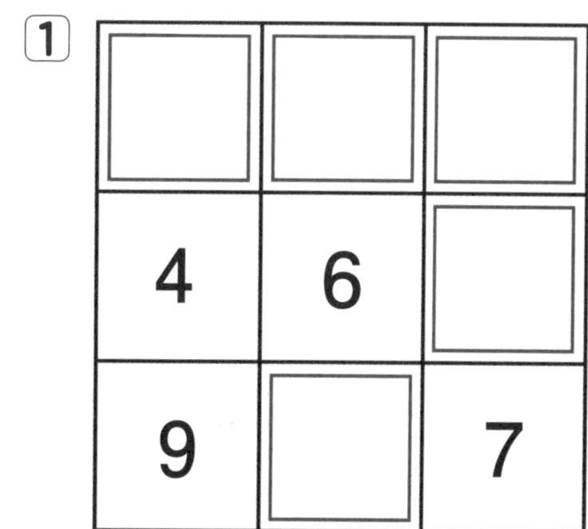

2

□	11	□
□	□	5
8	1	□

3

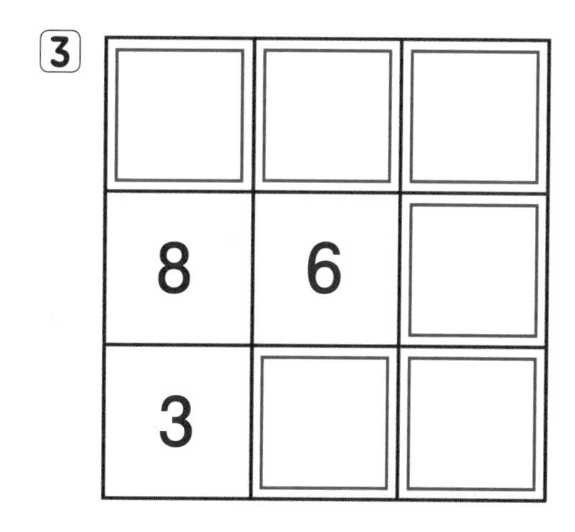

4

□	□	9
□	6	5
□	□	□

5

□	7	3
□	6	□
□	□	□

DAY 9 주판 계산 퍼즐

월 일 정답 / 7문제 | 답 129p

주판 그림을 보고 계산한 답을 숫자로 쓰시오. 숫자를 메모하여 계산해도 됩니다.

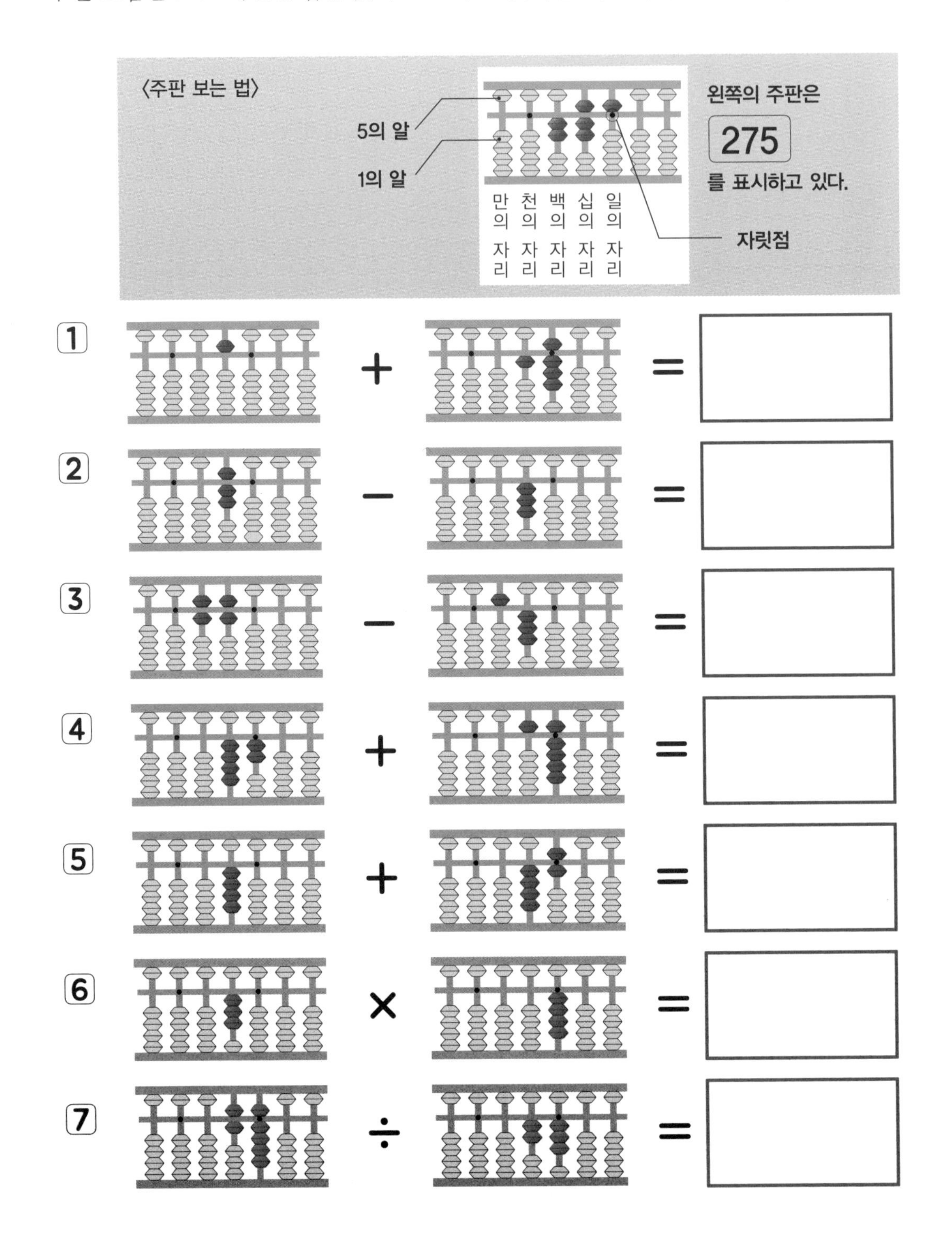

DAY 10 저울 퍼즐

월 일 정답 / 2문제 | 답 129p

추 안의 숫자는 무게를 나타냅니다. 같은 무게로 균형이 잡히도록 위에 있는 네 개의 추에서 맞는 숫자를 골라 □ 안에 쓰시오.

1

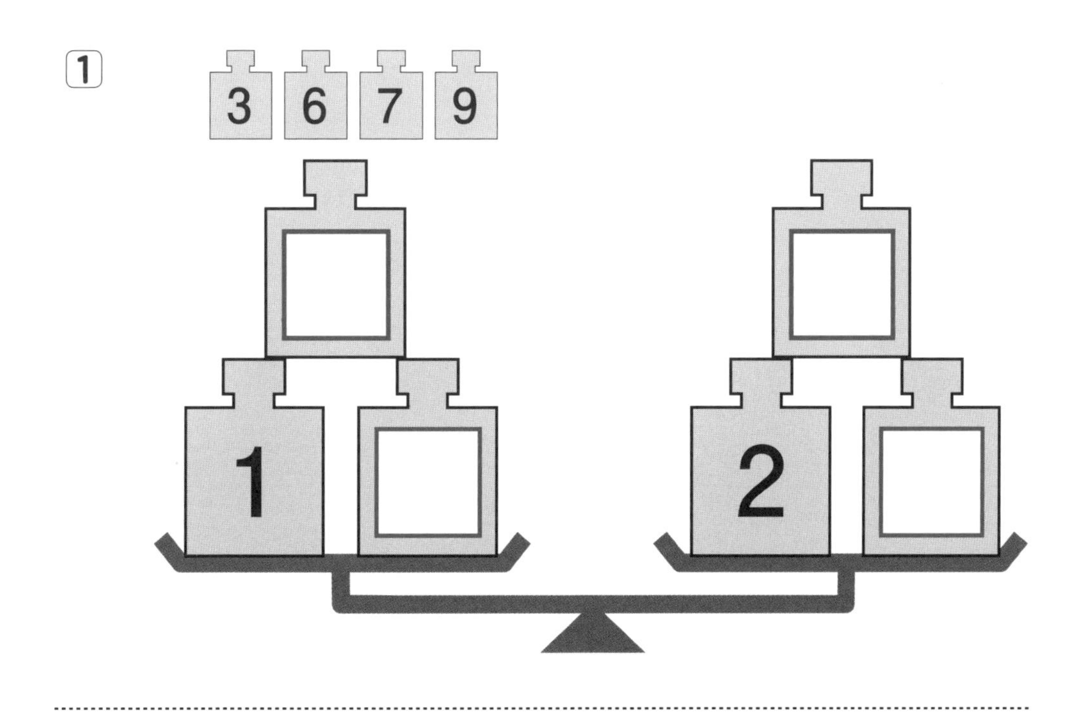

2

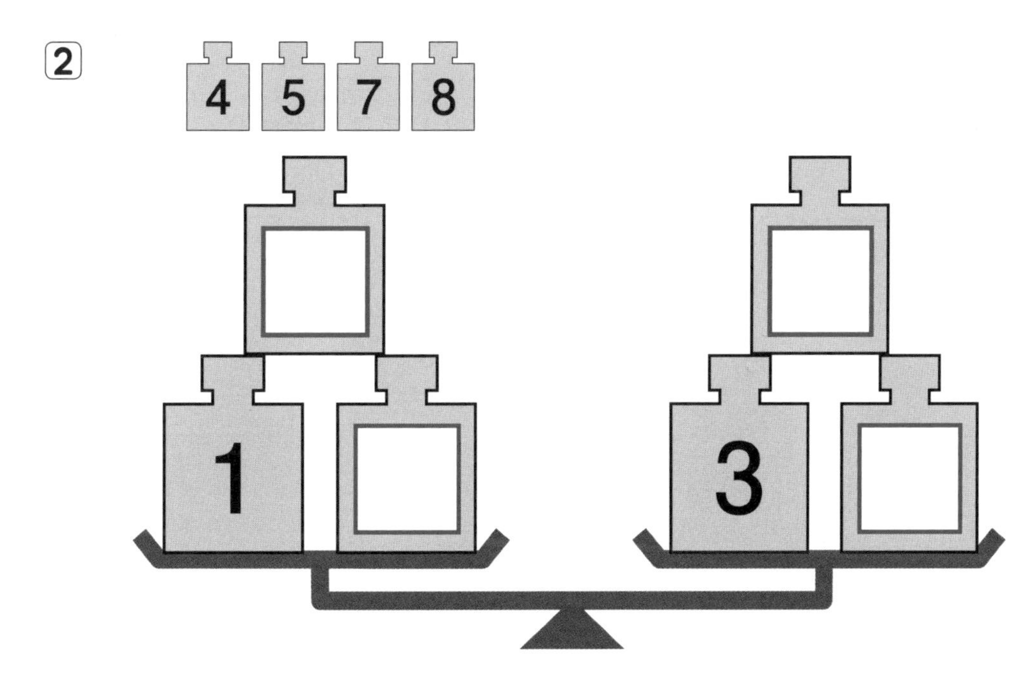

DAY 11 미로 계산 퍼즐

월 일 정답 / 6문제 | 답 129p

출발부터 도착까지 칸막이의 뚫려 있는 곳으로 지나가며 왼쪽 위의 숫자를 더하거나 빼서 답에 해당하는 숫자를 빈칸에 쓰면서 나아가시오.

1 덧셈

+4	+12	출발 2
+6	+9	+3
+13 도착	+8	+5

2 덧셈

+9	+7	출발 5
+13	+15	+11
+12	+8	+6 도착

3 뺄셈

−6	−5	출발 63
−17	−3 도착	−4
−8	−9	−7

4 뺄셈

−11 도착	−13	출발 86
−4	−8	−9
−7	−15	−6

5 덧셈 · 뺄셈

+14	+9	출발 9
−8	−3	+5
+6	−13	+7 도착

6 덧셈 · 뺄셈

−15	+19	출발 11
+8	−14	−6
−4 도착	+7	+8

월 일 정답 / 2문제 | 답 129p

그림을 보고 합계액을 □ 안에 쓰시오. 메모해서 계산해도 됩니다.

1

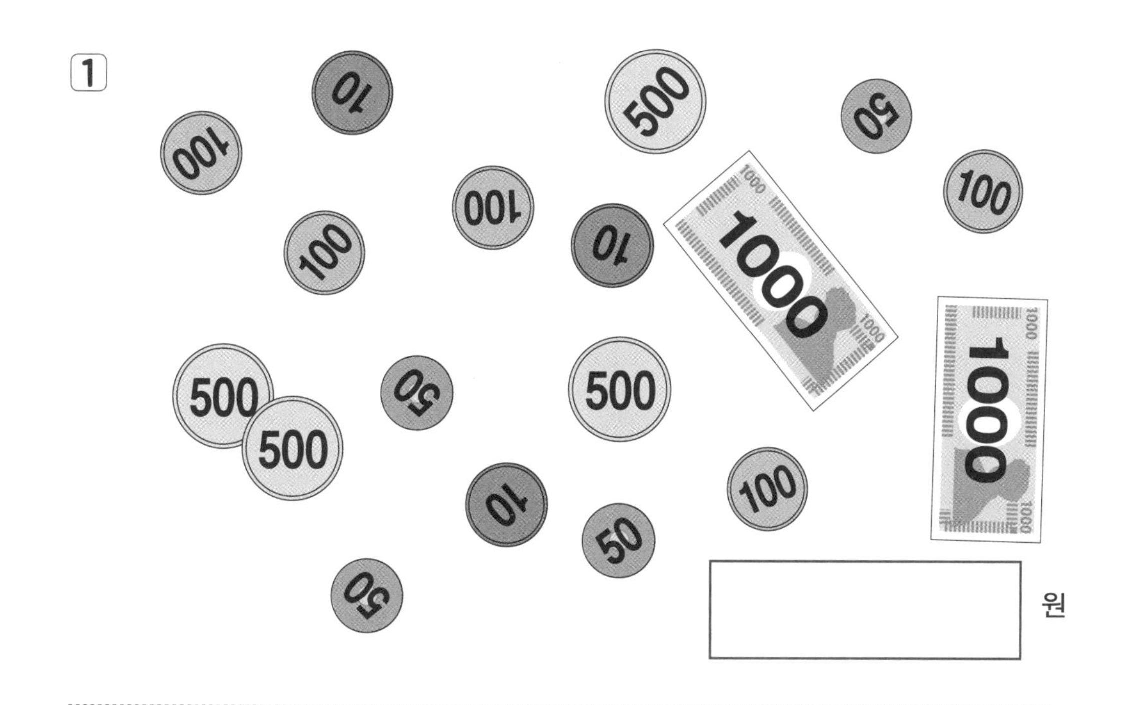

2

DAY 13 혼합 계산

월 일 정답 / 12문제 | 답 129p

계산을 해서 답을 숫자로 쓰시오. 글자를 숫자로 써서 계산해도 됩니다.

1. 열일곱 + 스물하나 =
2. 십이 ÷ =
3. 서른일곱 + 예순셋 =
4. 사십육 + 열셋 =
5. 쉰 − 십팔 =
6. 여덟 × 삼십 =
7. × 십사 =
8. 예순둘 ÷ 둘 =
9. 열아홉 − + 열 =
10. 열셋 − 일곱 =
11. + 예순넷 =
12. 백둘 − 열둘 =

DAY 14 별 모양 퍼즐

월 일 | 정답 / 2문제 | 답 129p

예와 같이 삼각형의 꼭짓점에 있는 숫자 세 개를 더하면 한가운데의 숫자가 됩니다. 비어 있는 ○ 안에 맞는 숫자를 쓰시오.

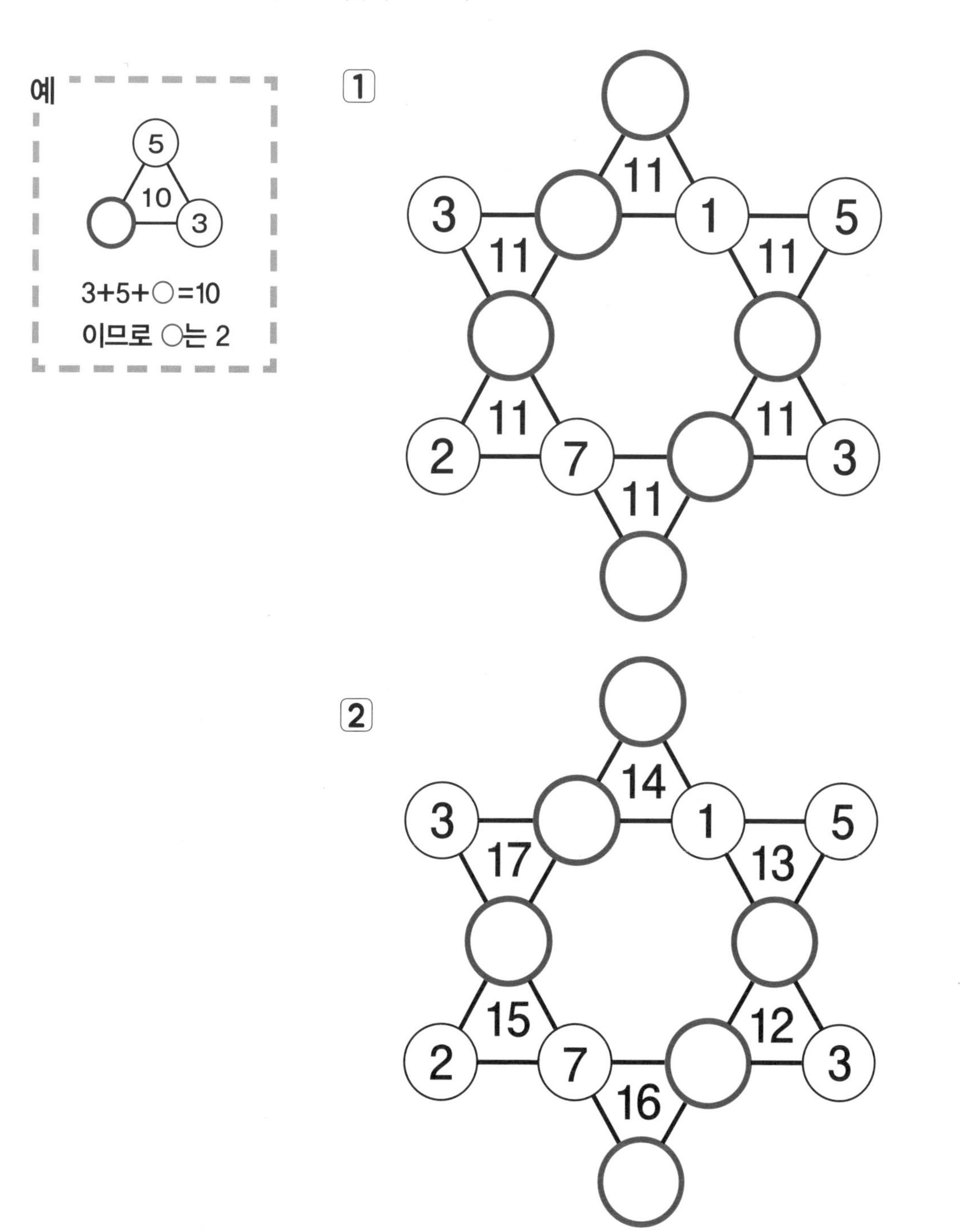

DAY 15 쌍 덧셈

월 일 정답 / 6문제 | 답 129p

두 개의 숫자를 더하면 100이 되는 쌍이 세 쌍 있습니다. □ 안에 답을 쓰시오.

1

91	82	76	61	62	96
53	98	36	18	35	29
81	97	56	70	84	59
79	34	5	92	37	78
40	41	88	6	86	11
43	20	55	32	44	46

□와 □

□와 □

□와 □

2

45	30	15	41	21	34
39	48	74	91	14	53
56	84	5	23	18	63
85	72	11	24	19	65
80	96	92	27	83	25
7	13	70	10	49	73

□와 □

□와 □

□와 □

DAY 16 달력

월 일 　　　　정답 　/ 6문제 | 답 129p

달력을 보고 질문에 답하시오.

7月						
日	月	火	水	木	金	土
1	2	3	4	5	6	7
8	9	10	11	12	13	14
15	16	17	18	19	20	21
22	23	24	○25	26	27	28
29	30	31				

8月						
日	月	火	水	木	金	土
			1	2	3	4
5	6	□7	8	9	10	11
12	13	14	15	16	17	18
19	20	21	22	23	24	25
26	27	28	29	30	31	

1. ○의 날은 □의 날보다 며칠 전인가? 　　일 전

2. □의 날은 8월 30일보다 며칠 전인가? 　　일 전

3. 7월 9일과 8월 3일 사이에는 며칠이 있는가? 　　일
   (9일과 3일은 날수에 들어가지 않는다).

11月						
日	月	火	水	木	金	土
				1	2	3
4	5	6	7	8	□9	10
11	12	○13	14	15	16	17
18	19	20	21	22	23	24
25	26	27	28	29	30	

4. ○의 날보다 5일 전은 몇 월 며칠인가? 　　월 　일

5. 다음 달 15일은 □의 날로부터 며칠 후인가? 　　일 후

6. ○의 날로부터 21일 후는 몇 월 며칠인가? 　　월 　일

DAY 17 시간 계산

월 일 정답 / 12문제 | 답 130p

시계 아래의 시계를 보고 답하시오.

2시간 35분 후는 [시 분]

4시간 20분 전은 [시 분]

계산 시간 계산입니다. ○시간 ○분이라고 답하시오.

1
16 시간 15 분
\+ 15 시간 20 분
[시간 분]

2
13 시간 14 분
\+ 9 시간 40 분
[시간 분]

3
7 시간 34 분
− 5 시간 30 분
[시간 분]

4
7 시간 59 분
− 6 시간 52 분
[시간 분]

5
17 시간 50 분
\+ 13 시간 29 분
[시간 분]

6
10 시간 33 분
− 1 시간 21 분
[시간 분]

7
13 시간 17 분
− 10 시간 58 분
[시간 분]

8
18 시간 55 분
\+ 19 시간 41 분
[시간 분]

9
16 시간 8 분
− 7 시간 57 분
[시간 분]

10
19 시간 17 분
\+ 1 시간 11 분
[시간 분]

DAY 18 과일 가격 덧셈

월 일 정답 / 4문제 | 답 130p

과일 1개당 가격을 근거로 합계액을 답하시오. 메모해서 계산해도 됩니다.

〈 1개당 가격 〉

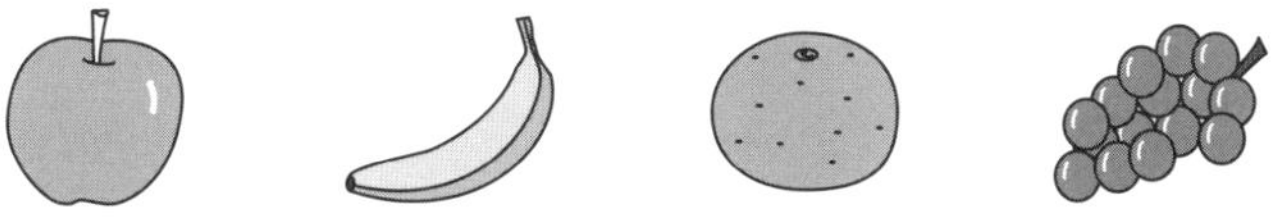

120원 70원 30원 300원

1 

( ) 원

2 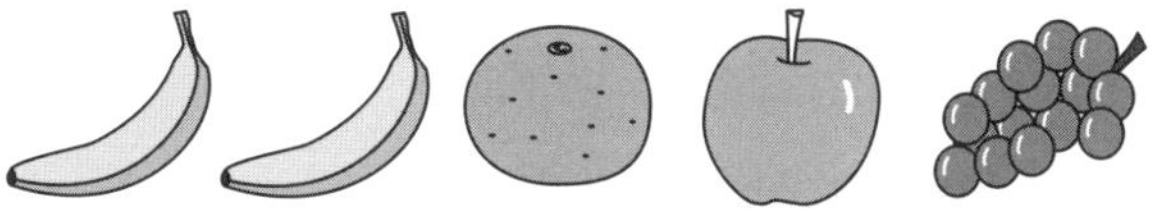

( ) 원

3 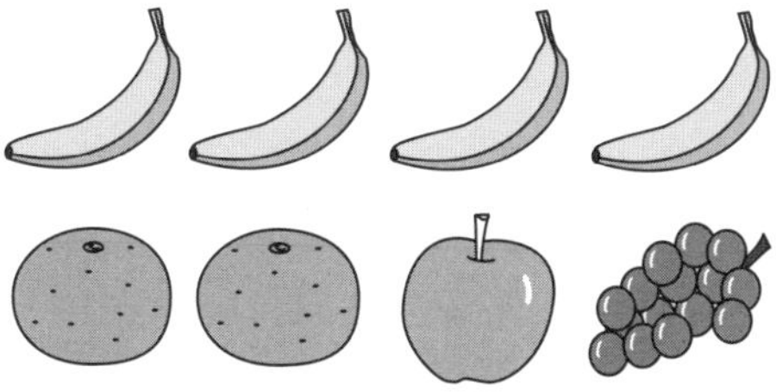

( ) 원

4 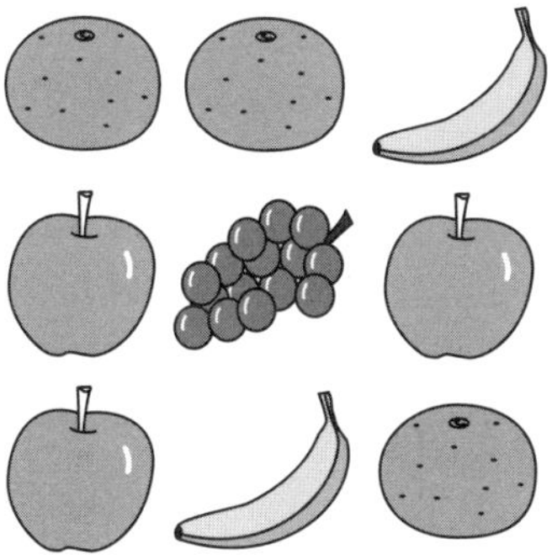

( ) 원

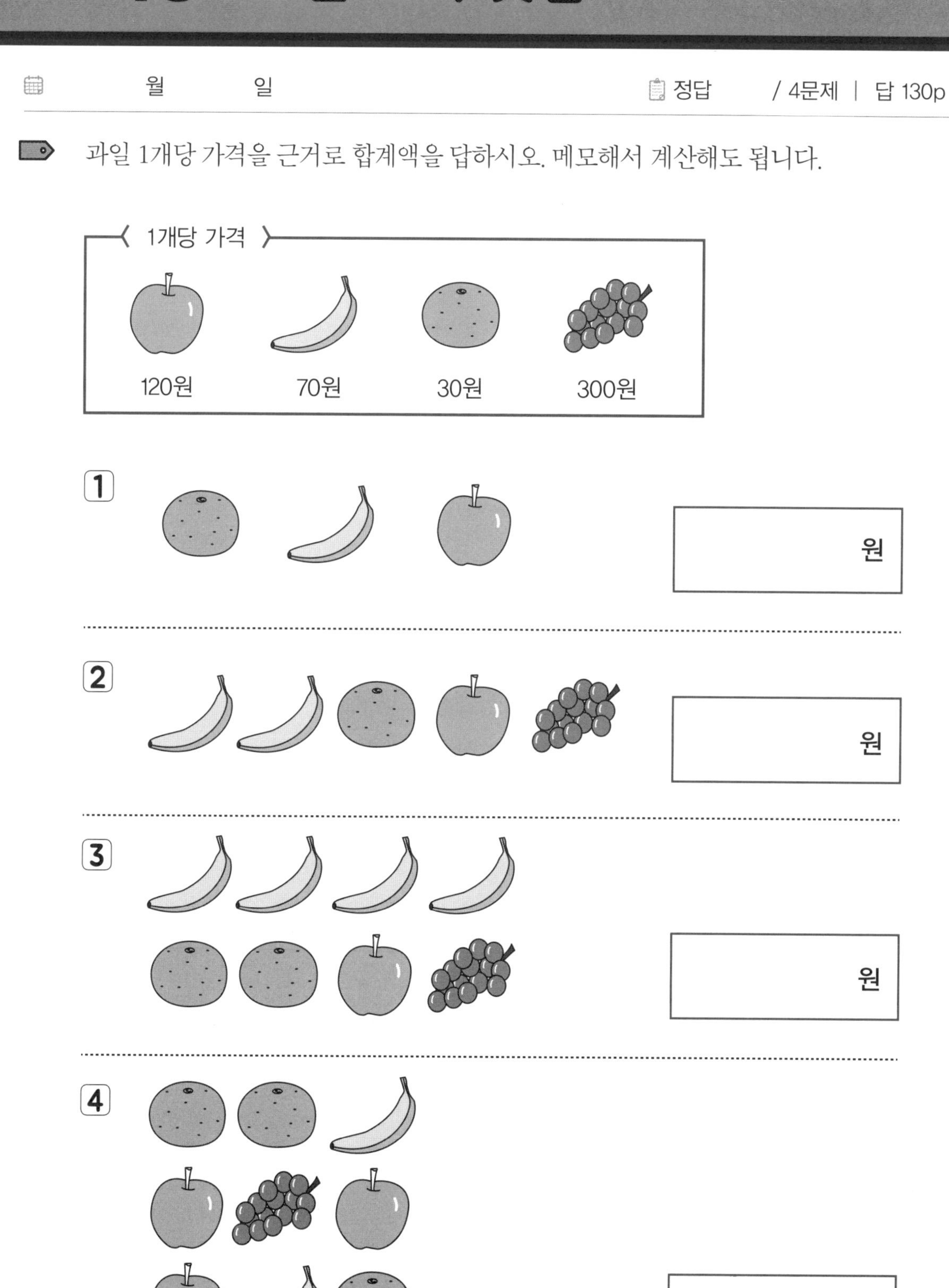

숫자 그림 다른 부분 찾기

월 일 정답 / 6문제 | 답 130p

아래의 숫자 그림에는 위의 그림과 다른 부분이 있습니다.
아래 그림의 다른 부분에 ○ 표를 하시오. 다른 숫자 하나당 한 곳으로 셉니다.

위

개구리

다른 부분 6곳

아래

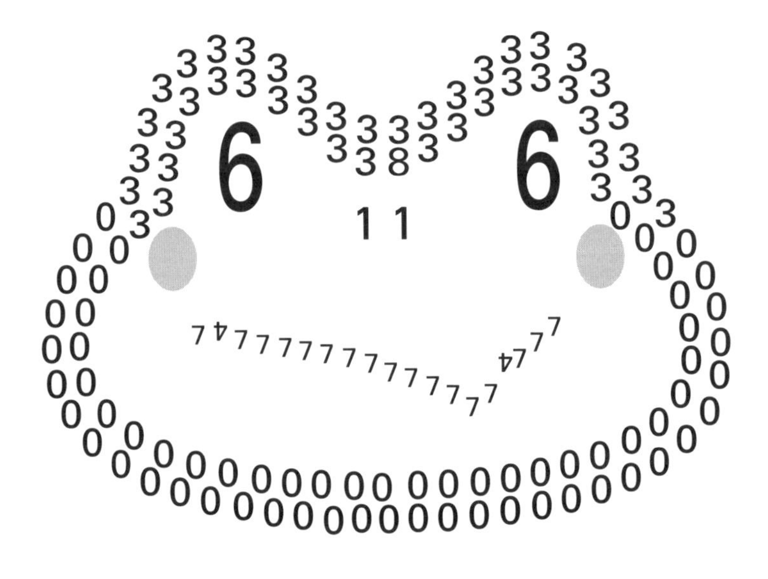

DAY 20 저울 퍼즐

월 일 정답 / 2문제 | 답 130p

추 안의 숫자는 무게를 나타냅니다. 같은 무게로 균형이 잡히도록 위에 있는 네 개의 추에서 맞는 숫자를 골라 □ 안에 쓰시오.

①

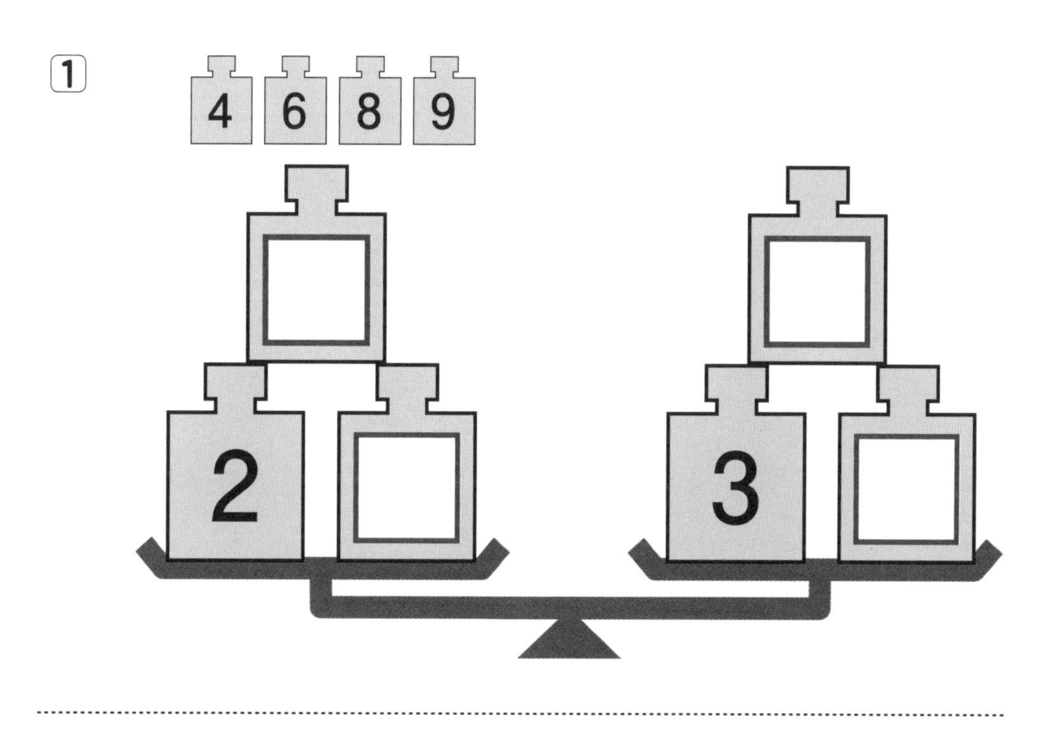

②

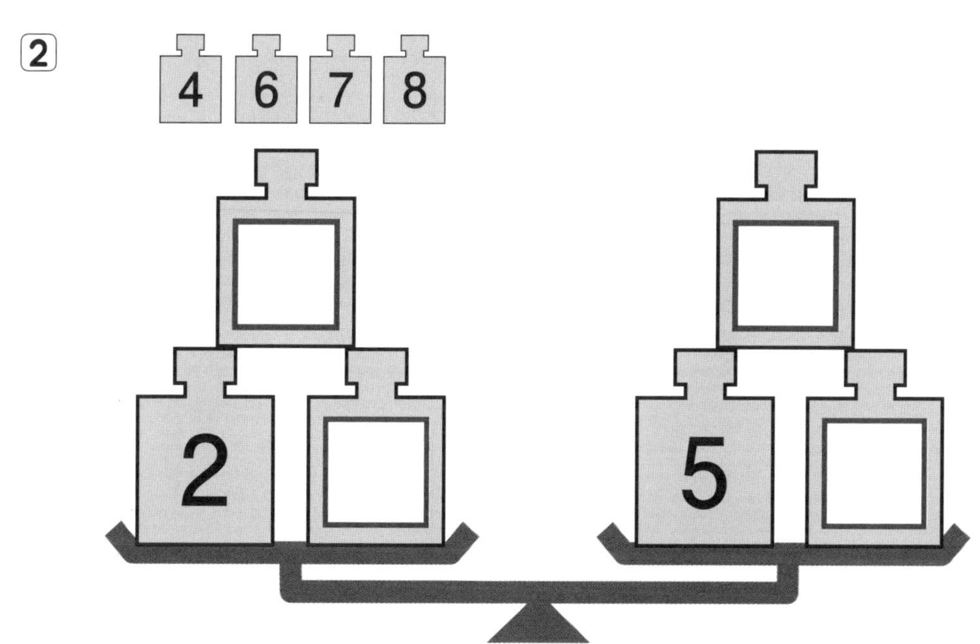

DAY 21 미로 계산 퍼즐

월 일 | 정답 / 6문제 | 답 130p

출발부터 도착까지 칸막이의 뚫려 있는 곳으로 지나가며 왼쪽 위의 숫자를 더하거나 빼서 답에 해당하는 숫자를 빈칸에 쓰면서 나아가시오.

1 덧셈

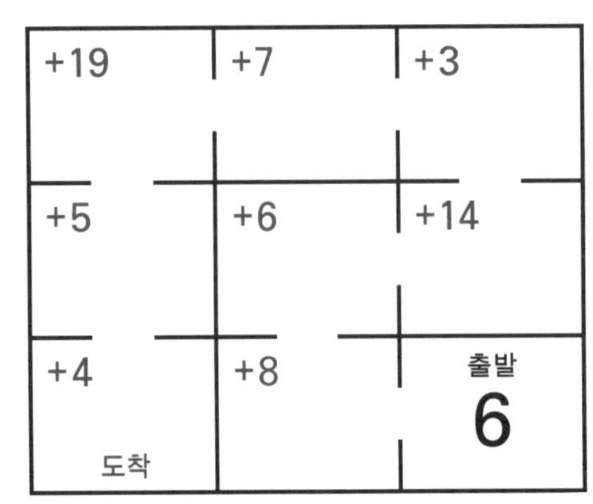

2 덧셈

+16 도착	+7	+15
+5	+4	+13
+9	+12	출발 2

3 뺄셈

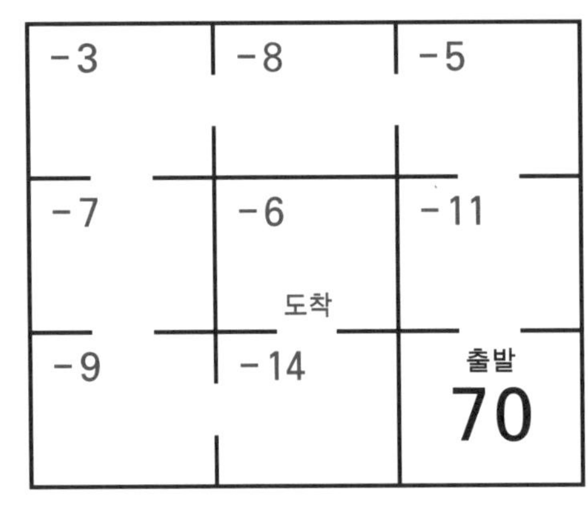

4 뺄셈

-21	-14	-6
-8	-5 도착	-4
-19	-9	출발 93

5 덧셈 · 뺄셈

-11	+26	+6 도착
+9	+7	-13
-23	+15	출발 16

6 덧셈 · 뺄셈

-6	-8	+4 도착
+7	+9	-17
+15	-22	출발 35

DAY 22 주판 계산 퍼즐 ※주판 보는 법은 12페이지 참조

월 일 정답 / 9문제 | 답 130p

주판 그림을 보고 계산한 답을 숫자로 쓰시오. 숫자를 메모하여 계산해도 됩니다.

1 + =

2
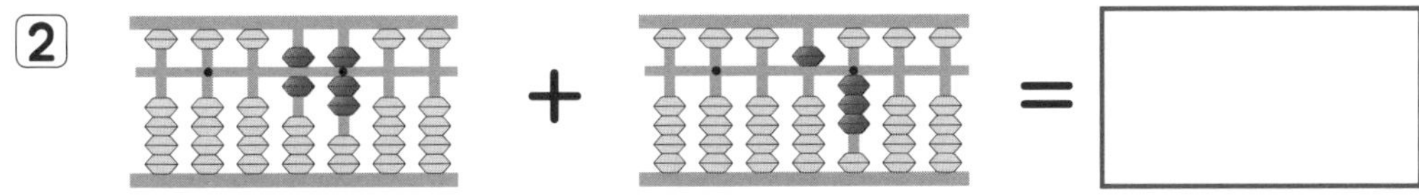

3
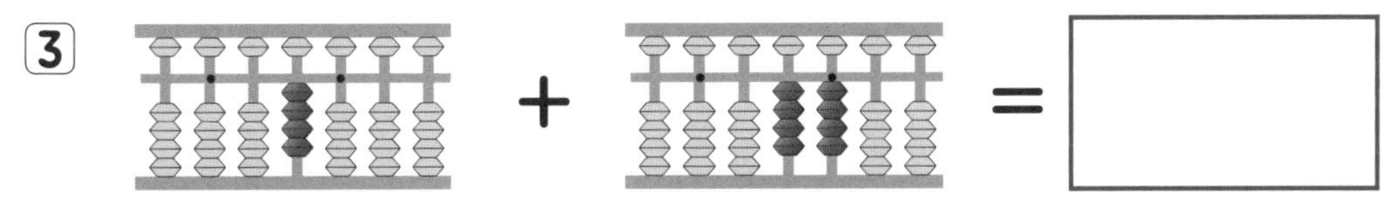

4
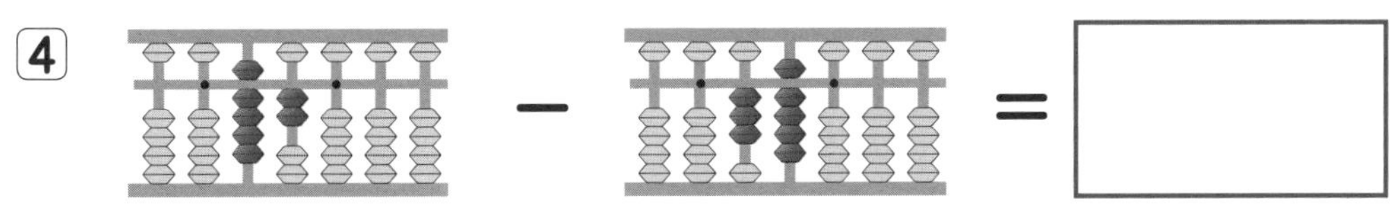

5
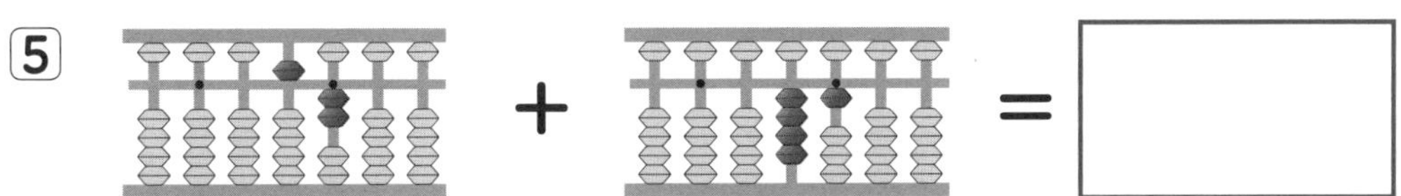

6
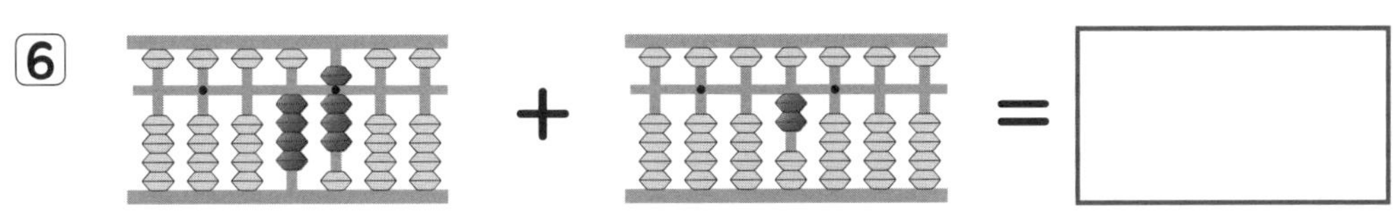

7
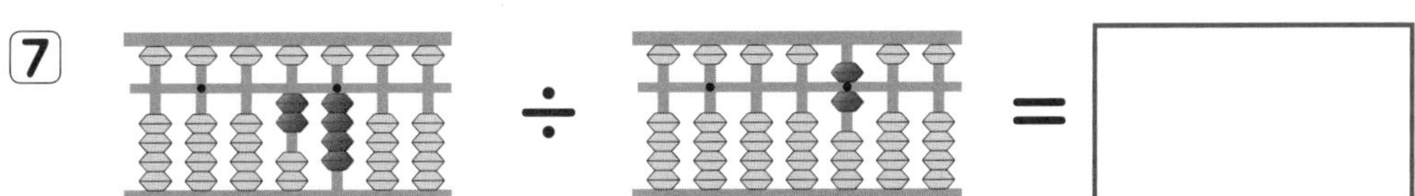

8
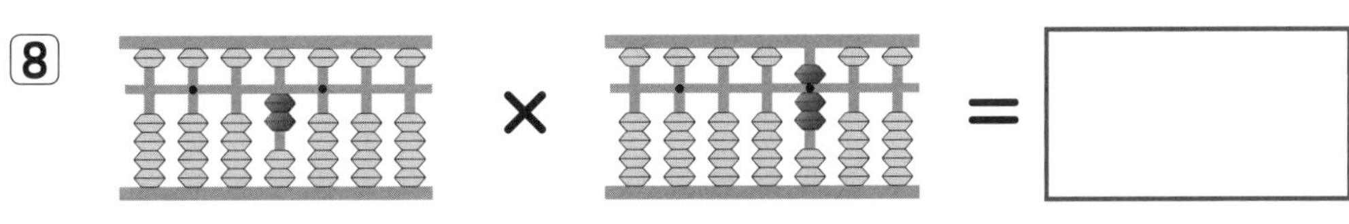

9 × =

DAY 23 벌집 퍼즐

월 일 정답 / 6문제 | 답 130p

이웃하는 ⬡ 안의 수를 더한 수가 아래의 ⬡ 안에 들어갑니다.
⬡ 안에 맞는 수를 쓰시오.

1

9	8	14	5

〈풀이 방법〉
9+8의 답

2

7	5	8	16

3

6, ( ), ( ), 4 / ( ), 13, ( ) / 25, ( ) / ( )

4

( ), ( ), ( ), 2 / 12, ( ), ( ) / ( ), 15 / 35

5

( ), 4, ( ), ( ) / ( ), 9, ( ) / 24, 29 / ( )

6

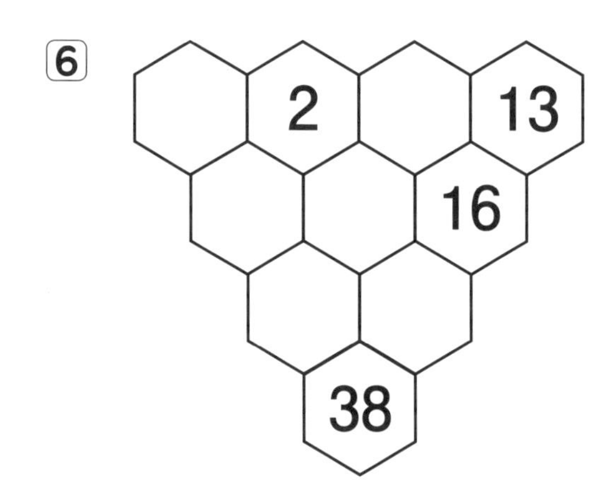

DAY 24 숫자 그림 다른 부분 찾기

월 일 정답 / 7문제 | 답 130p

아래의 숫자 그림에는 위의 그림과 다른 부분이 있습니다.
아래 그림의 다른 부분에 ○ 표를 하시오. 다른 숫자 하나당 한 곳으로 셉니다.

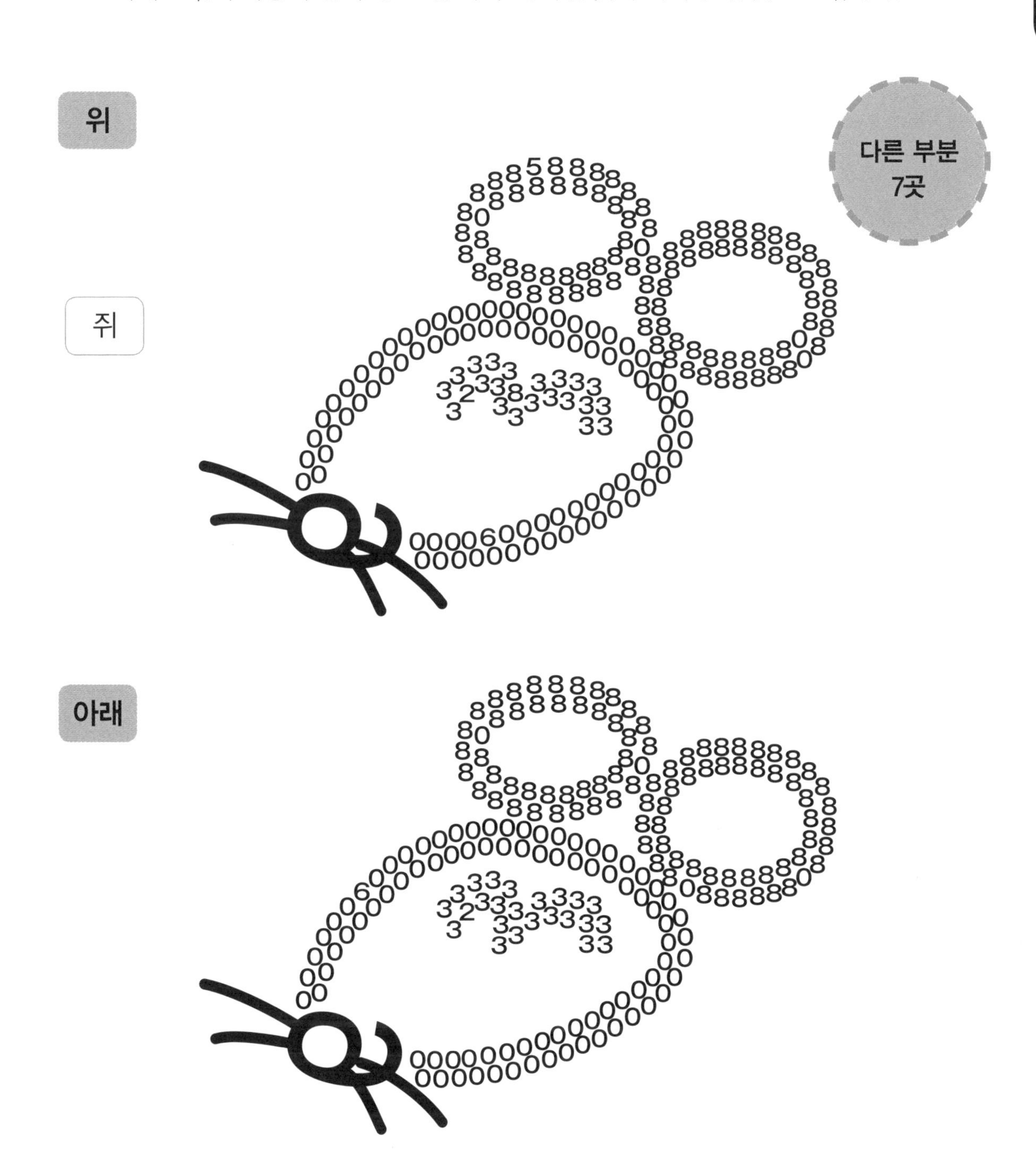

DAY 25 별 모양 퍼즐

월 일 정답 / 2문제 | 답 131p

예와 같이 삼각형의 꼭짓점에 있는 숫자 세 개를 더하면 한가운데의 숫자가 됩니다.
비어 있는 ○ 안에 맞는 숫자를 쓰시오.

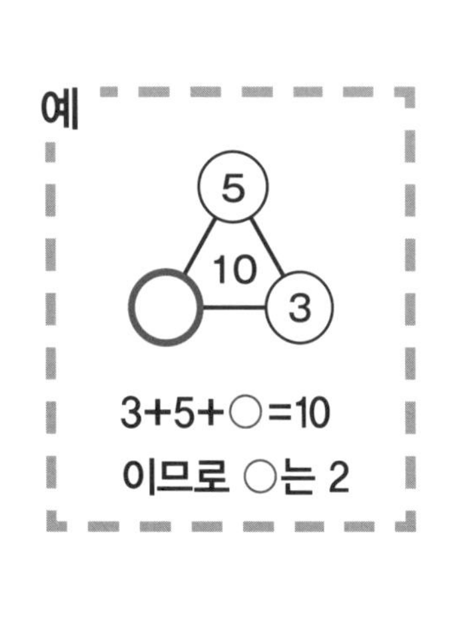

1

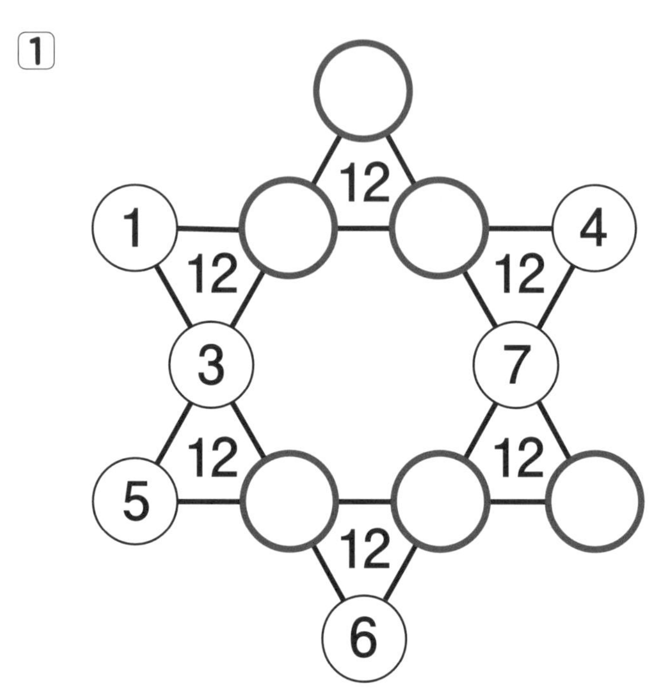

2

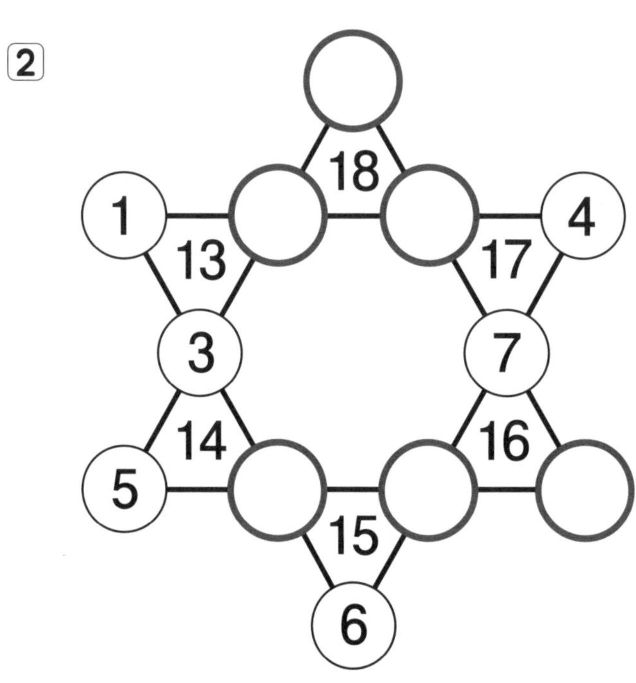

DAY 26 혼합 계산

월 일 정답 / 12문제 | 답 131p

계산을 해서 답을 숫자로 쓰시오. 글자를 숫자로 써서 계산해도 됩니다.

1 아흔 + 십 =

2 칠십삼 − 아홉 =

3 마흔다섯 ÷ 오 =

4 스물여덟 − 열일곱 =

5 여든 ÷ 이십 =

6 여섯 + + 스물하나 =

7 열여섯 × 팔 =

8 스물넷 + 쉰일곱 =

9 × 스물다섯 =

10 여든아홉 − 스물셋 − 삼십육 =

11 열둘 × 다섯 =

12 구십칠 − 서른다섯 =

DAY 27 쌍 덧셈

월 일 정답 / 6문제 | 답 131p

두 개의 숫자를 더하면 100이 되는 쌍이 세 쌍 있습니다. □ 안에 답을 쓰시오.

1

90	5	48	94	60	97
31	88	1	19	66	47
8	38	89	16	32	70
93	67	86	59	85	74
71	61	17	57	56	62
37	72	25	87	33	84

□ 와 □

□ 와 □

□ 와 □

2

60	30	44	22	14	10
66	91	11	49	52	38
87	26	20	34	33	21
29	1	73	4	42	65
23	88	17	16	68	55
79	15	59	7	32	46

□ 와 □

□ 와 □

□ 와 □

월 일 정답 / 6문제 | 답 131p

출발부터 도착까지 칸막이의 뚫려 있는 곳으로 지나가며 왼쪽 위의 숫자를 더하거나 빼서 답에 해당하는 숫자를 빈칸에 쓰면서 나아가시오.

1 덧셈

+11	+4	+21
+7	+18	+8
출발 5	+6	+9 도착

2 덧셈

+3 도착	+6	+4
+12	+16	+25
출발 7	+5	+8

3 뺄셈

-6	-14	-8 도착
-7	-3	-18
출발 79	-11	-5

4 뺄셈

-4	-13	-6
-9	-23 도착	-3
출발 97	-29	-7

5 덧셈 · 뺄셈

-15	+18	-11
+9	-7	+8
출발 25	-21	+6 도착

6 덧셈 · 뺄셈

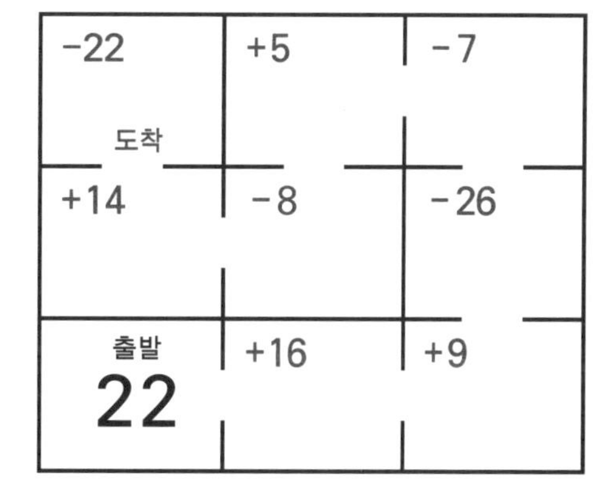

DAY 29 시간 계산

월 일 정답 / 12문제 | 답 131p

시계 아래의 시계를 보고 답하시오.

2시간 40분 후는 [시 분]

3시간 50분 전은 [시 분]

계산 시간의 덧셈, 뺄셈입니다. ○시간 ○분이라고 답하시오.

1. 1 시간 28 분 + 1 시간 8 분 = [시간 분]
2. 11 시간 42 분 + 1 시간 13 분 = [시간 분]
3. 11 시간 13 분 − 2 시간 4 분 = [시간 분]
4. 15 시간 33 분 − 1 시간 16 분 = [시간 분]
5. 17 시간 54 분 + 11 시간 31 분 = [시간 분]
6. 13 시간 1 분 − 11 시간 37 분 = [시간 분]
7. 8 시간 15 분 − 4 시간 21 분 = [시간 분]
8. 6 시간 10 분 + 11 시간 5 분 = [시간 분]
9. 15 시간 44 분 − 10 시간 13 분 = [시간 분]
10. 10 시간 51 분 + 4 시간 18 분 = [시간 분]

DAY 30 배수 찾기

월 일 | 정답 / 10문제 | 답 131p

6으로 나눌 수 있는 수(6의 배수)가 다섯 개 있습니다. □ 안에 답을 쓰시오.

①

1	45	86	28	87	18
2	68	83	42	47	35
11	41	24	5	97	3
31	43	85	92	58	8
54	71	88	99	73	34
49	70	39	51	91	12

②

52	32	7	22	64	38
23	58	62	71	21	30
66	79	8	61	84	65
11	44	51	15	82	87
46	25	13	28	74	48
67	78	69	49	16	10

DAY 31 숫자 그림 다른 부분 찾기

월 일 정답 / 8문제 | 답 131p

아래의 숫자 그림에는 위의 그림과 다른 부분이 있습니다.
아래 그림의 다른 부분에 ○ 표를 하시오. 다른 숫자 하나당 한 곳으로 셉니다.

다른 부분 8곳

위

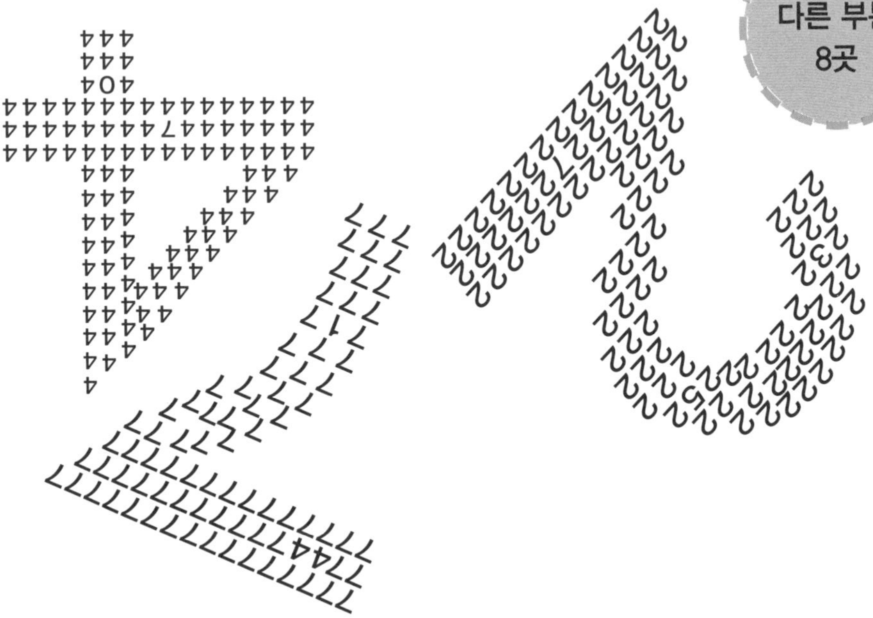

아래

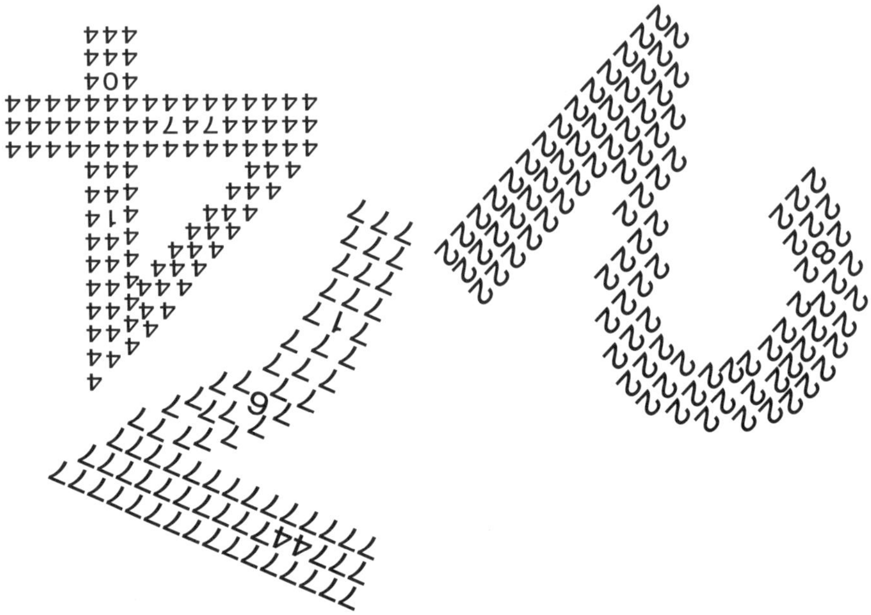

DAY 32 벌집 퍼즐

월 일 | 정답 / 6문제 | 답 131p

이웃하는 ⬡ 안의 수를 더한 수가 아래의 ⬡ 안에 들어갑니다.
⬡ 안에 맞는 수를 쓰시오.

1

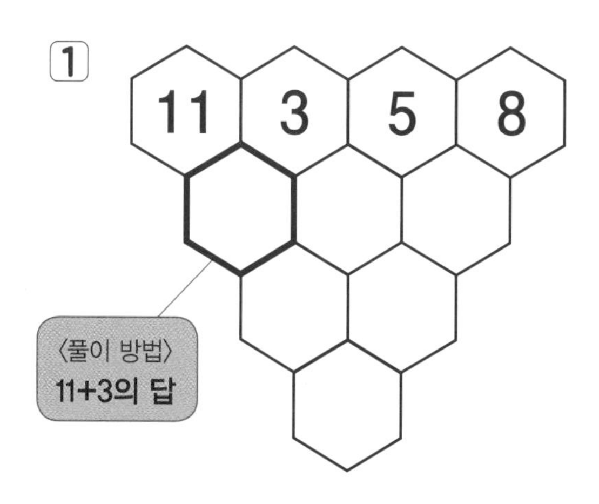

2

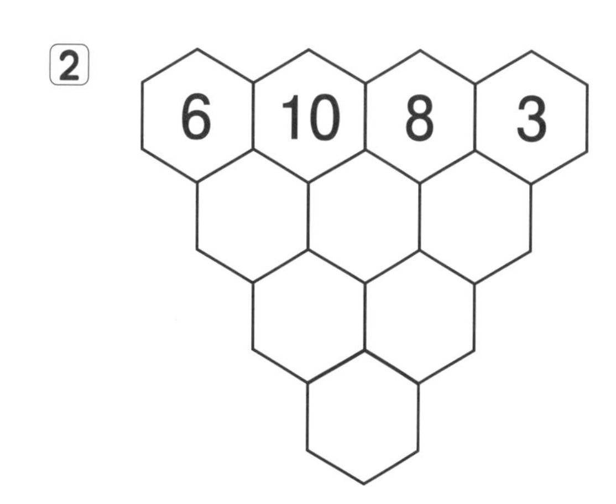

3

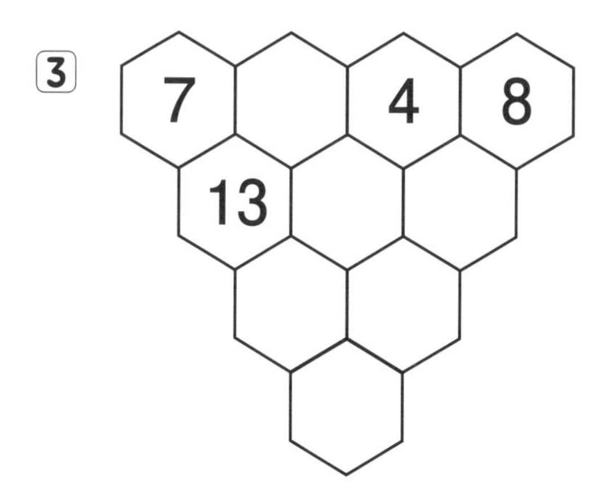

4

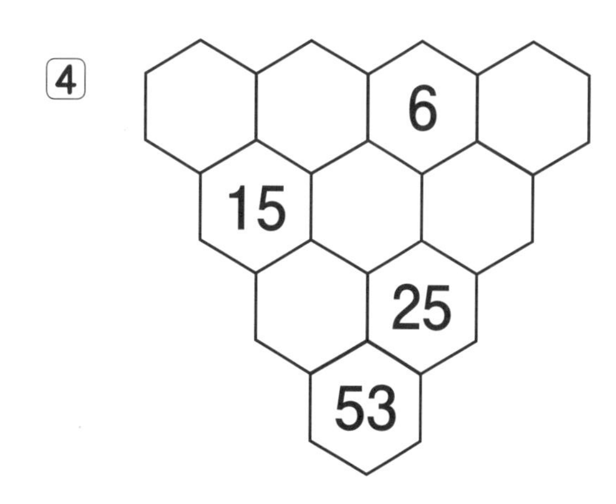

5

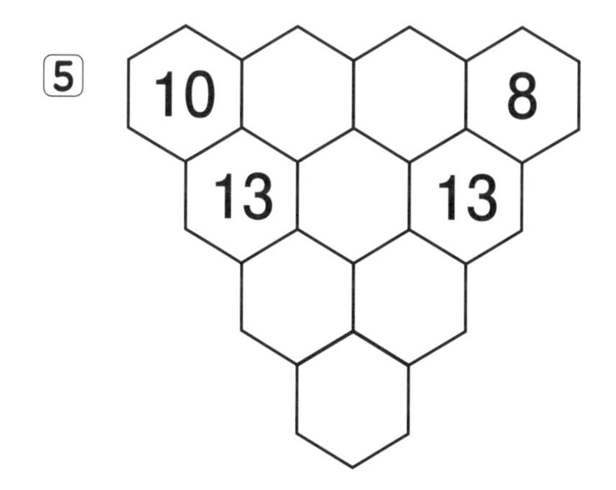

6

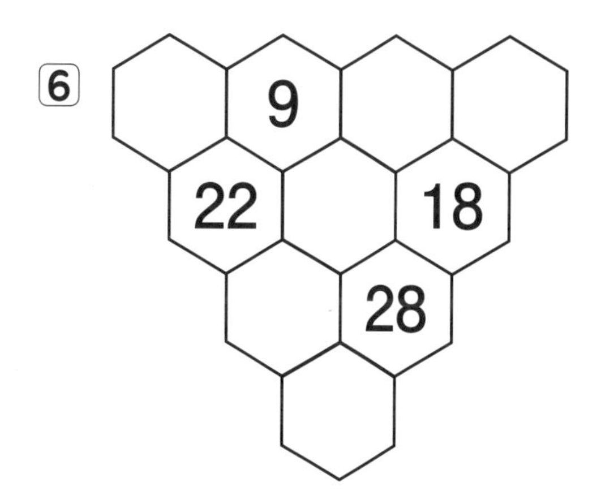

DAY 33 문구류 가격 덧셈

월 일 정답 / 4문제 | 답 132p

문구류 1개당 가격을 근거로 합계액을 답하시오. 메모해서 계산해도 됩니다.

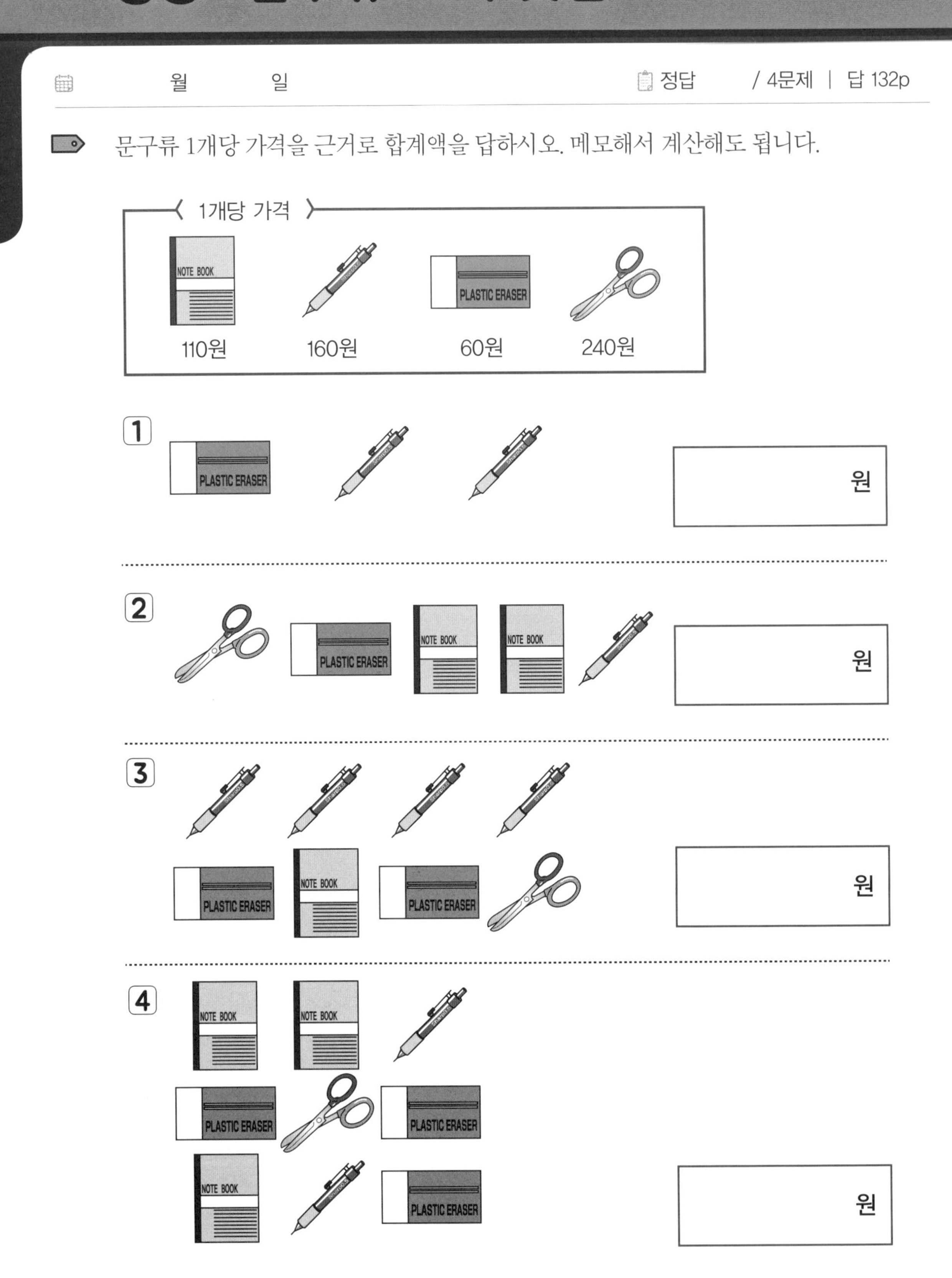

저울 퍼즐

월 일 정답 / 2문제 | 답 132p

추 안의 숫자는 무게를 나타냅니다. 같은 무게로 균형이 잡히도록 위에 있는 네 개의 추에서 맞는 숫자를 골라 □ 안에 쓰시오.

1

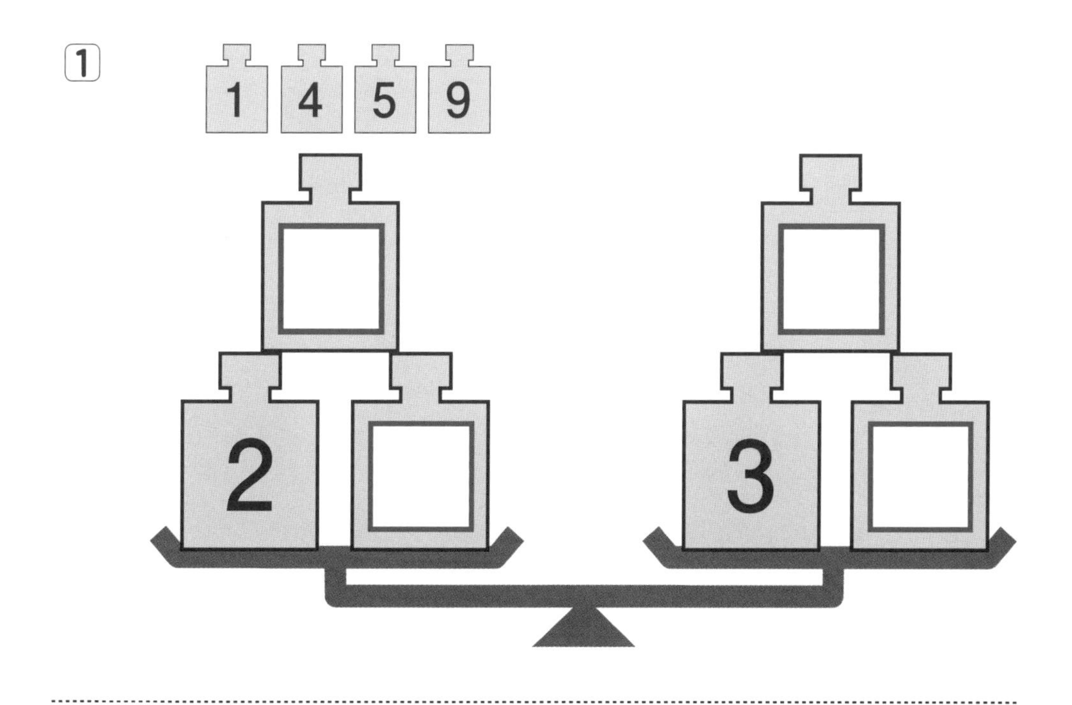

2

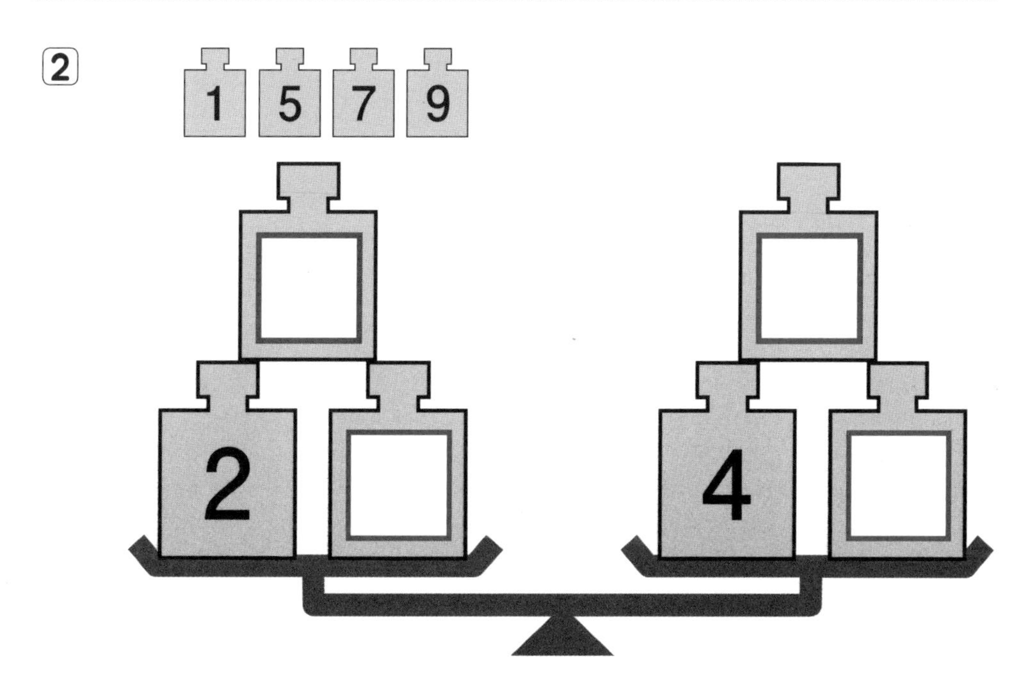

DAY 35 혼합 계산

월 일 정답 / 12문제 | 답 132p

계산을 해서 답을 숫자로 쓰시오. 글자를 숫자로 써서 계산해도 됩니다.

1. 열여섯 + 여든둘 =
2. 서른일곱 − 이십칠 + 마흔 =
3. ⚅ × 십오 =
4. 마흔여덟 ÷ 셋 =
5. 이 × 열일곱 =
6. 칠십이 ÷ 서른여섯 =
7. 팔십일 ÷ 아홉 =
8. ⚄ + 사십육 − 서른여덟 =
9. 스물셋 − ⚃ =
10. 예순둘 + 서른다섯 =
11. 스물여덟 + 육십일 =
12. 사십이 − 열아홉 =

DAY 36 쌍 덧셈

월 일 정답 / 6문제 | 답 132p

두 개의 숫자를 더하면 100이 되는 쌍이 세 쌍 있습니다. □ 안에 답을 쓰시오.

①

41	44	22	45	66	76
17	62	46	67	43	39
72	15	16	30	40	49
11	68	65	19	10	29
79	25	64	91	18	14
33	95	58	54	81	27

□ 와 □

□ 와 □

□ 와 □

②

42	87	63	45	34	86
23	35	90	98	32	80
11	70	44	96	52	61
71	74	77	59	53	36
43	94	17	82	51	22
12	85	46	16	13	48

□ 와 □

□ 와 □

□ 와 □

DAY 37 숫자 그림 다른 부분 찾기

월 일 정답 / 7문제 | 답 132p

아래의 숫자 그림에는 위의 그림과 다른 부분이 있습니다.
아래 그림의 다른 부분에 ○ 표를 하시오. 다른 숫자 하나당 한 곳으로 셉니다.

위

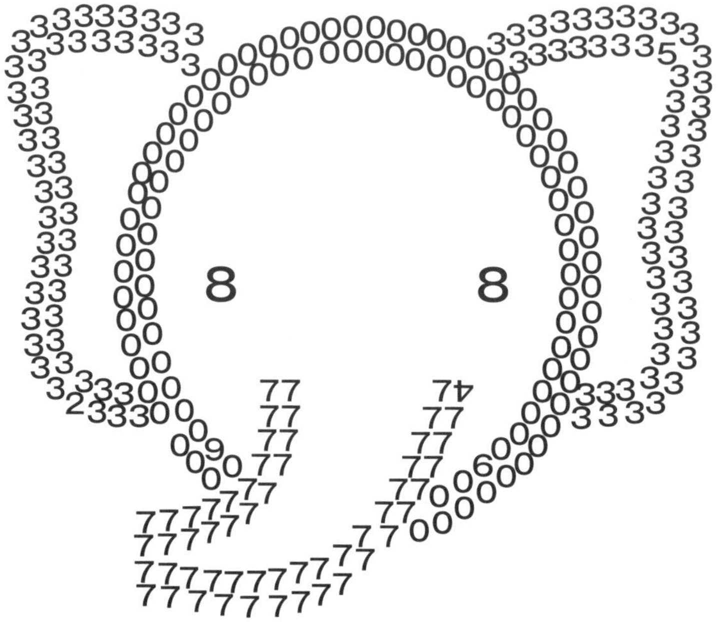

다른 부분 7곳

코끼리

아래

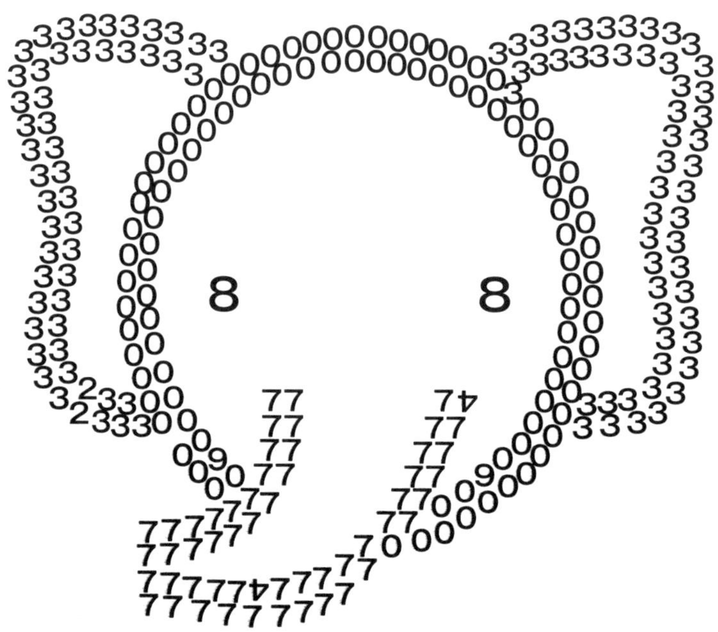

별 모양 퍼즐

월 일 정답 / 2문제 | 답 132p

예와 같이 삼각형의 꼭짓점에 있는 숫자 세 개를 더하면 한가운데의 숫자가 됩니다. 비어 있는 ○ 안에 맞는 숫자를 쓰시오.

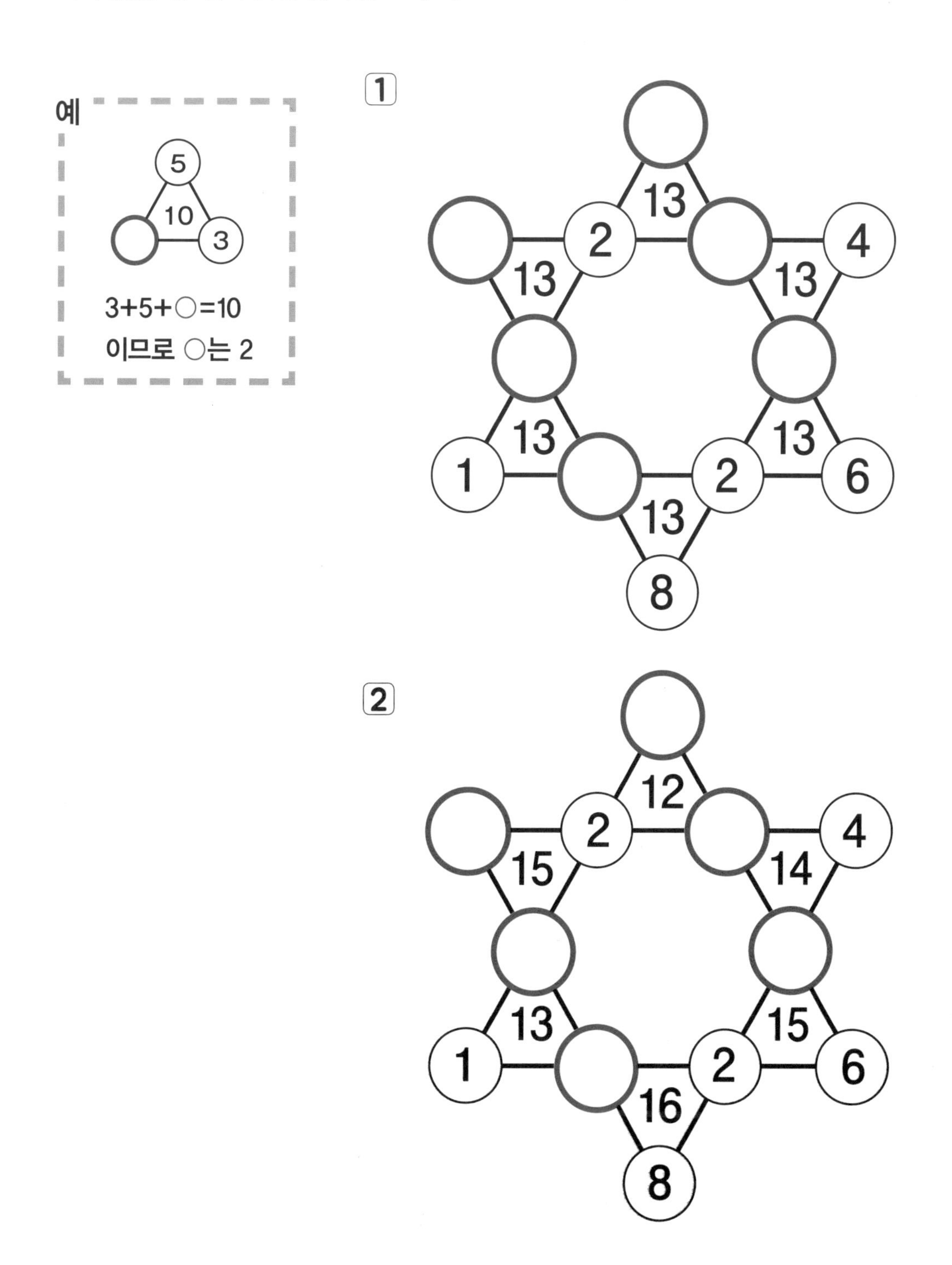

DAY 39 미로 계산 퍼즐

월 일 정답 / 6문제 | 답 132p

출발부터 도착까지 칸막이의 뚫려 있는 곳으로 지나가며 왼쪽 위의 숫자를 더하거나 빼서 답에 해당하는 숫자를 빈칸에 쓰면서 나아가시오.

① 덧셈

출발 6	+29	+4
+6	+22	+8
+9	+15	+17 도착

② 덧셈

출발 5	+27	+25 도착
+9	+6	+11
+7	+15	+18

③ 뺄셈

출발 107	-12	-9
-31	-8	-23
-4	-13	-5 도착

④ 뺄셈

출발 117	-29	-7
-14	-5	-6
-17 도착	-16	-9

⑤ 덧셈 · 뺄셈

출발 23	+9	-15
-15	-3 도착	+7
+19	+25	-8

⑥ 덧셈 · 뺄셈

출발 6	+11	-9
-17	+21	+23
+4 도착	-8	-5

DAY 40 주판 계산 퍼즐 ※주판 보는 법은 12페이지 지참조

월 일 정답 / 9문제 | 답 132p

주판 그림을 보고 계산한 답을 숫자로 쓰시오. 숫자를 메모하여 계산해도 됩니다.

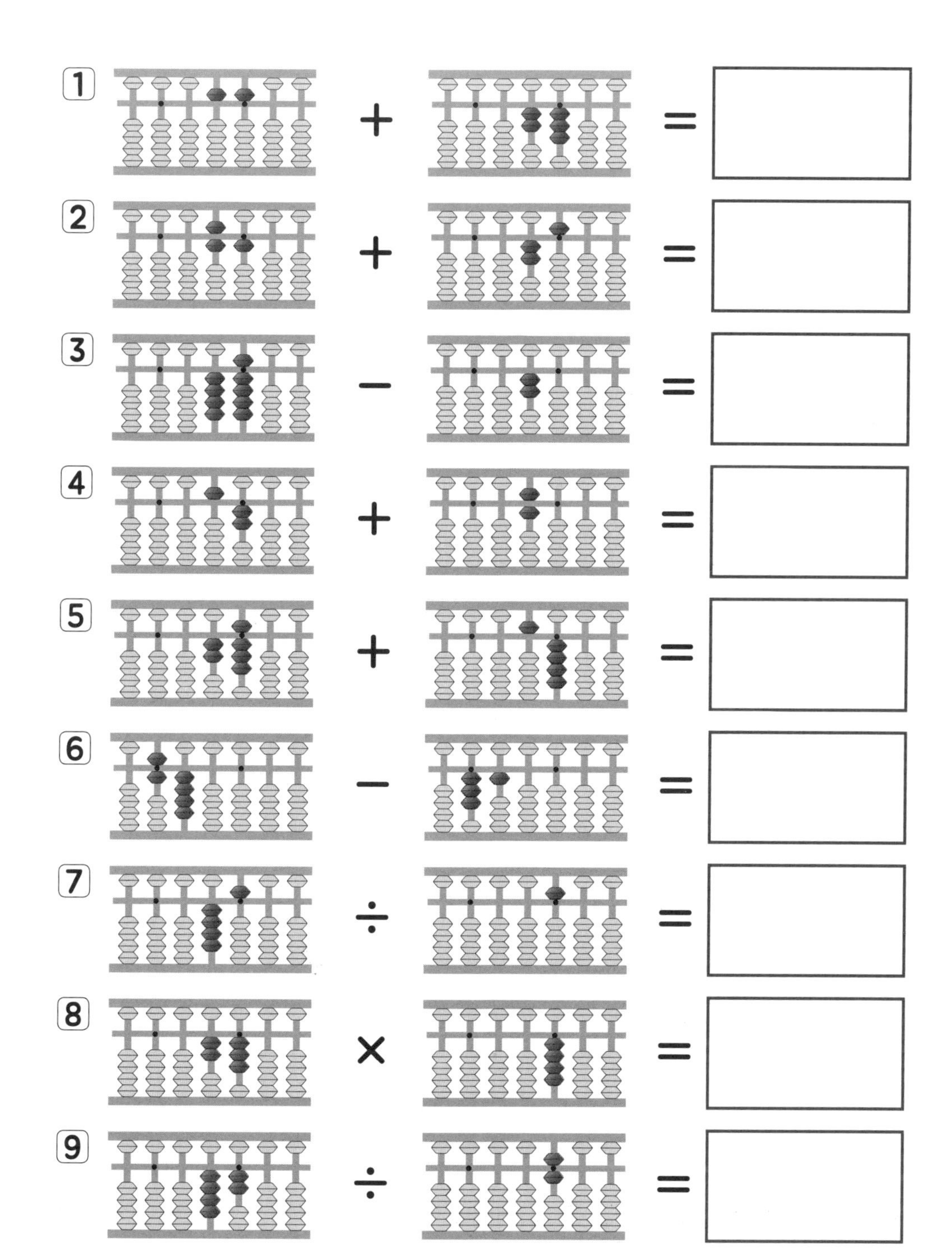

DAY 41 달력

월 일 | 정답 / 6문제 | 답 133p

달력을 보고 질문에 답하시오.

5 月

日	月	火	水	木	金	土
		1	2	3	4	5
6	7	8	9	10	11	12
13	14	15	16	17	18	19
20	21	22	23	24	○25	26
27	28	29	30	31		

6 月

日	月	火	水	木	金	土
					1	2
3	□4	5	6	7	8	9
10	11	12	13	14	15	16
17	18	19	20	21	22	23
24	25	26	27	28	29	30

1. □의 날은 ○의 날로부터 며칠 후인가? 일 후

2. □의 날과 6월 20일 사이에는 며칠이 있는가? 일
(□의 날과 20일은 날수에 들어가지 않는다).

3. 5월 5일은 6월 15일보다 며칠 전인가? 일 전

10 月

日	月	火	水	木	金	土
	1	2	○3	4	5	6
7	8	9	10	11	12	13
14	15	16	17	18	19	20
21	22	23	24	25	□26	27
28	29	30	31			

4. 10월 21일은 ○의 날로부터 며칠 후인가? 일 후

5. 10월 30일로부터 7일 후는 몇 월 며칠인가? 월 일

6. □의 날로부터 4주일 후는 몇 월 며칠인가? 월 일

DAY 42 숫자 그림 다른 부분 찾기

월 일 정답 / 8문제 | 답 133p

아래의 숫자 그림에는 위의 그림과 다른 부분이 있습니다.
아래 그림의 다른 부분에 ○ 표를 하시오. 다른 숫자 하나당 한 곳으로 셉니다.

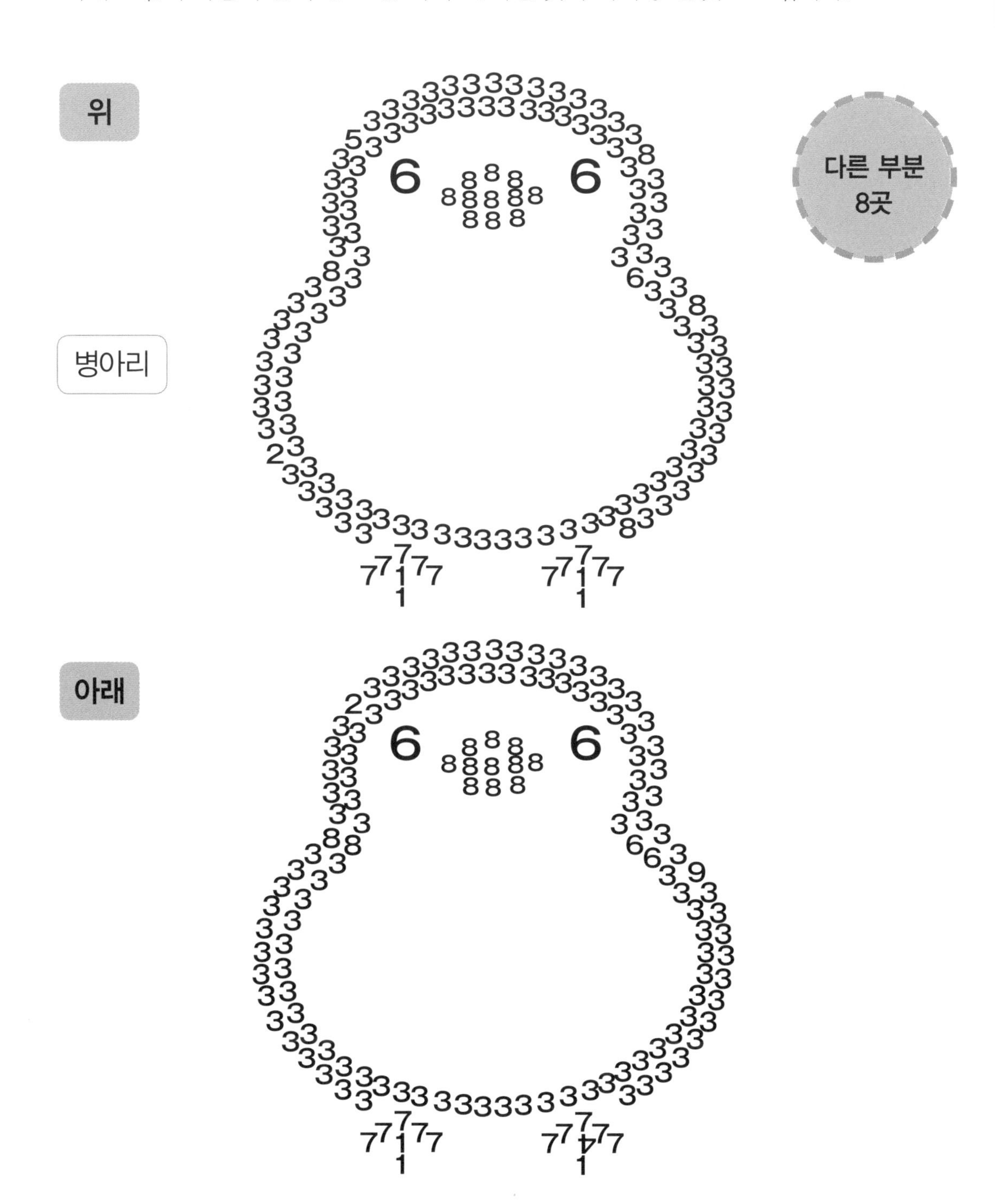

DAY 43 시간 계산

월 일 정답 / 12문제 | 답 133p

시계 아래의 시계를 보고 답하시오.

9시간 15분 후는 [시 분]

5시간 35분 전은 [시 분]

계산 시간 계산입니다. ○시간 ○분이라고 답하시오.

1
  2 시간 30 분
+ 8 시간 27 분
[시간 분]

2
  11 시간 12 분
+ 1 시간 40 분
[시간 분]

3
  3 시간 37 분
− 2 시간 6 분
[시간 분]

4
  17 시간 47 분
− 14 시간 38 분
[시간 분]

5
  18 시간 19 분
+ 2 시간 34 분
[시간 분]

6
  17 시간 5 분
− 10 시간 55 분
[시간 분]

7
  12 시간 55 분
− 1 시간 51 분
[시간 분]

8
  2 시간 55 분
+ 2 시간 44 분
[시간 분]

9
  17 시간 28 분
− 4 시간 33 분
[시간 분]

10
  12 시간 59 분
+ 7 시간 53 분
[시간 분]

DAY 44 쌍 덧셈

월 일 정답 / 6문제 | 답 133p

두 개의 숫자를 더하면 90이 되는 쌍이 세 쌍 있습니다. □ 안에 답을 쓰시오.

1

65	7	82	37	71	47
23	4	62	35	2	10
20	76	34	33	17	1
28	31	41	21	68	46
61	30	9	64	16	60
5	72	12	69	48	15

와

와

와

2

75	9	24	62	64	44
7	22	80	8	78	89
84	43	54	15	83	29
40	39	19	67	65	5
58	31	14	11	30	23
27	18	86	17	88	87

와

와

와

DAY 45 혼합 계산

월 일 정답 / 12문제 | 답 133p

계산을 해서 답을 숫자로 쓰시오. 글자를 숫자로 써서 계산해도 됩니다.

1. 여든아홉 − 서른넷 =
2. 이십사 + 열일곱 −  =
3. 오십이 − 스물셋 =
4. 십삼 × 다섯 =
5. 서른셋 + 칠십육 + 열하나 =
6. 서른여섯 ÷  =
7. 마흔셋 + 오십구 =
8. 십사 + 여든둘 =
9. 아흔여섯 − 예순넷 − 십 =
10. 스물다섯 + 사십일 =
11. 서른하나 × 사 =
12. 일흔둘 ÷ 여덟 =

DAY 46 저울 퍼즐

월 일 정답 / 2문제 | 답 133p

추 안의 숫자는 무게를 나타냅니다. 같은 무게로 균형이 잡히도록 위에 있는 여섯 개의 추에서 맞는 숫자를 골라 □ 안에 쓰시오.

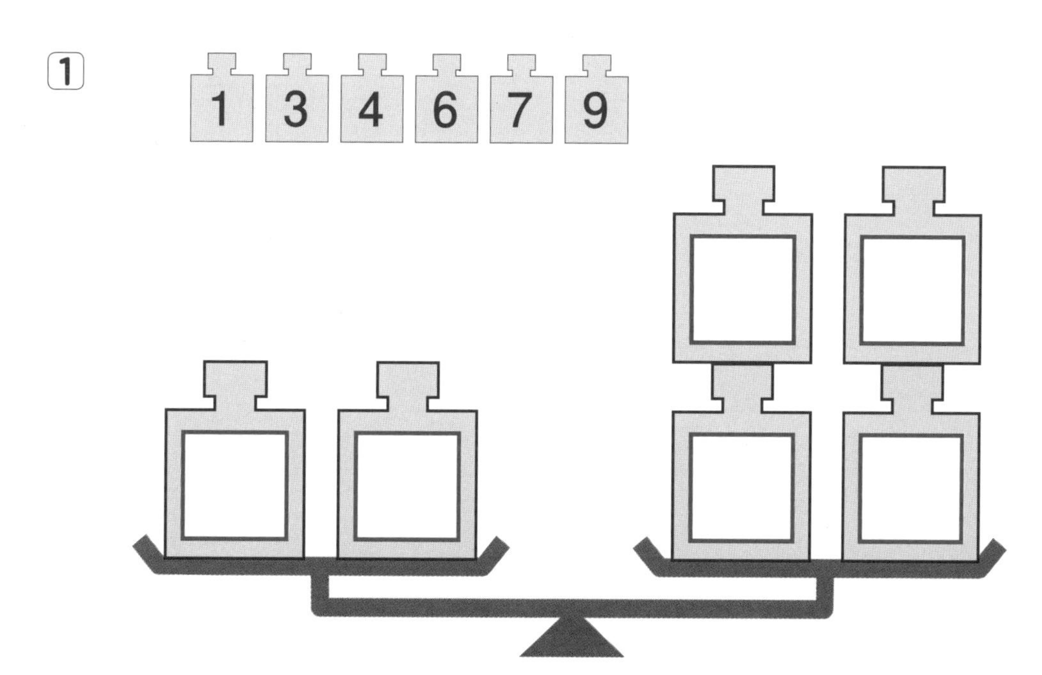

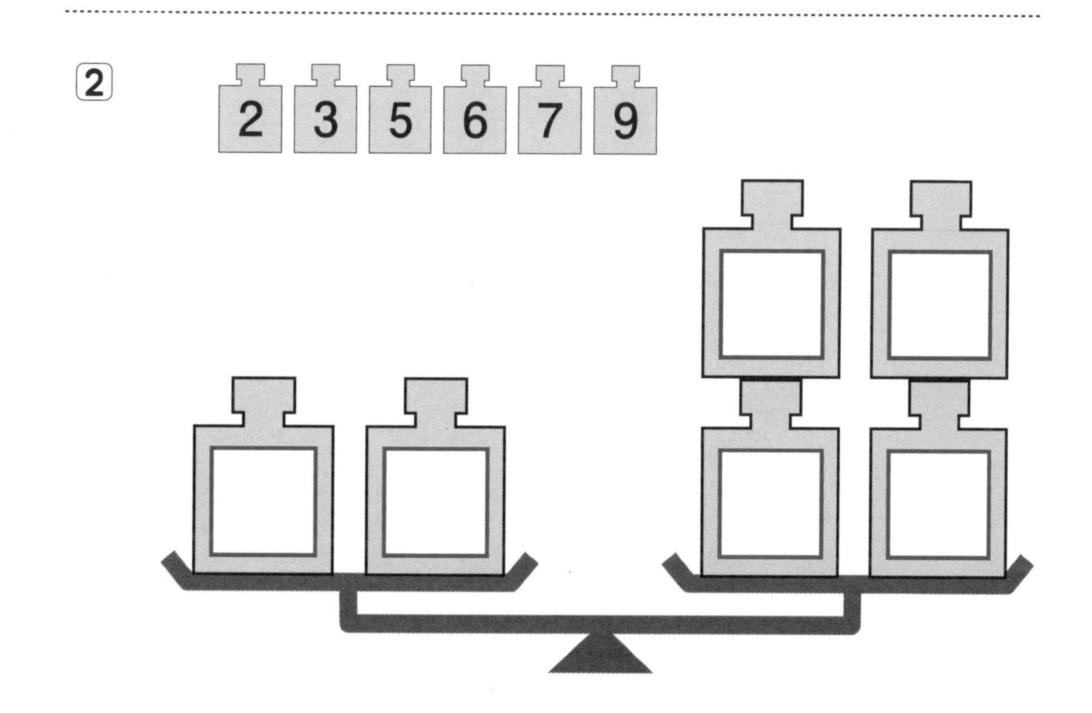

DAY 47 미로 계산 퍼즐

월 일 정답 / 6문제 | 답 133p

출발부터 도착까지 칸막이의 뚫려 있는 곳으로 지나가며 왼쪽 위의 숫자를 더하거나 빼서 답에 해당하는 숫자를 빈칸에 쓰면서 나아가시오.

1 덧셈

+16 도착	+8	출발 16
+3	+15	+19
+4	+7	+26

2 덧셈

+8 도착	+2	출발 6
+16	+9	+24
+4	+7	+31

3 뺄셈

-9	-35	출발 120
-14	-8	-26
-6	-7	-5 도착

4 뺄셈

-7	-3	출발 105
-8	-23 도착	-6
-28	-19	-5

5 덧셈 · 뺄셈

-5	+9	출발 19
-14	+17	+8
+15	+7	-12 도착

6 덧셈 · 뺄셈

-24	+4	출발 37
-13	+15 도착	-2
+16	-9	+7

DAY 48 과일 가격 덧셈

월 일 정답 / 4문제 | 답 133p

과일 1개당 가격을 근거로 합계액을 답하시오. 메모해서 계산해도 됩니다.

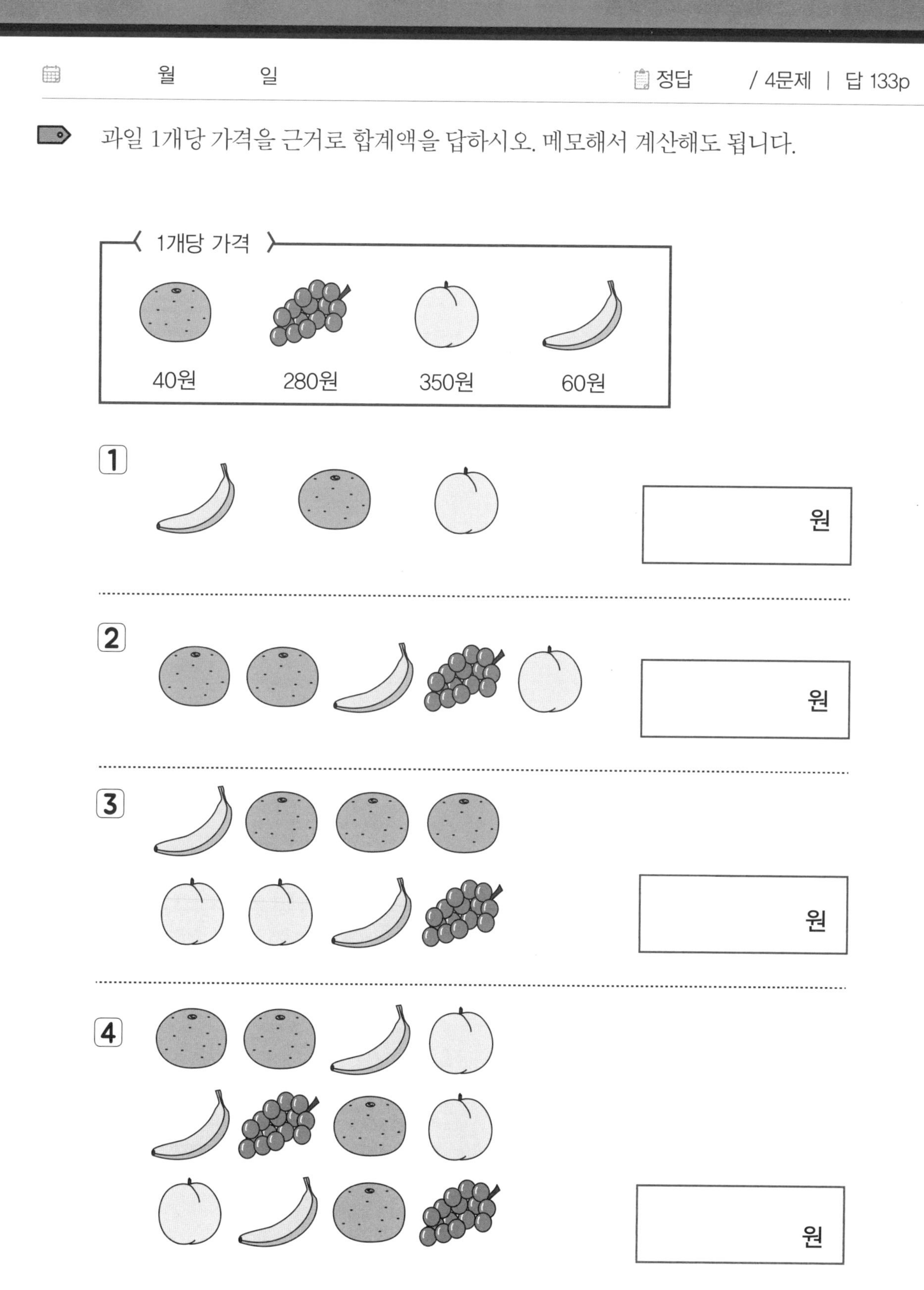

별 모양 퍼즐

월 일 정답 / 2문제 | 답 134p

예와 같이 삼각형의 꼭짓점에 있는 숫자 세 개를 더하면 한가운데의 숫자가 됩니다. 비어 있는 ○ 안에 맞는 숫자를 쓰시오.

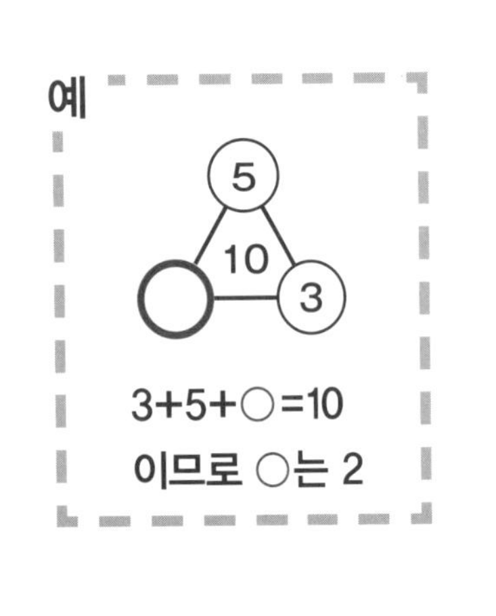

1

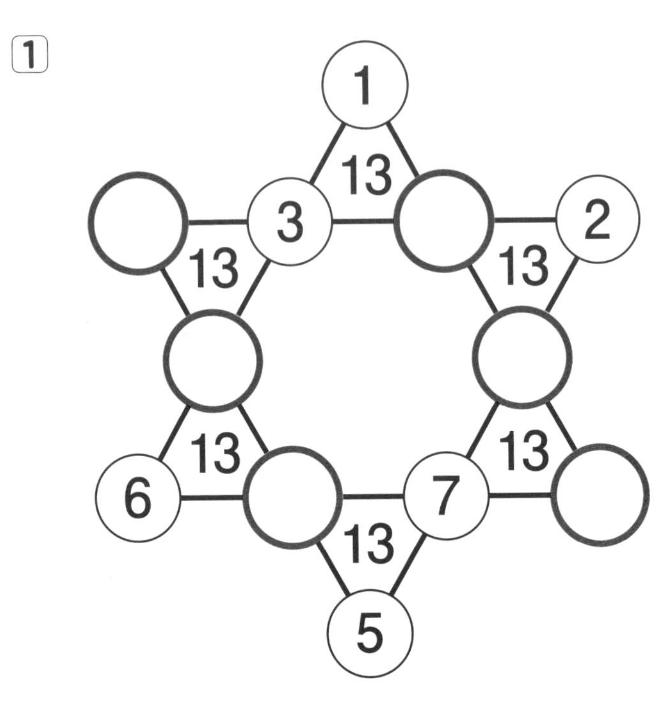

2

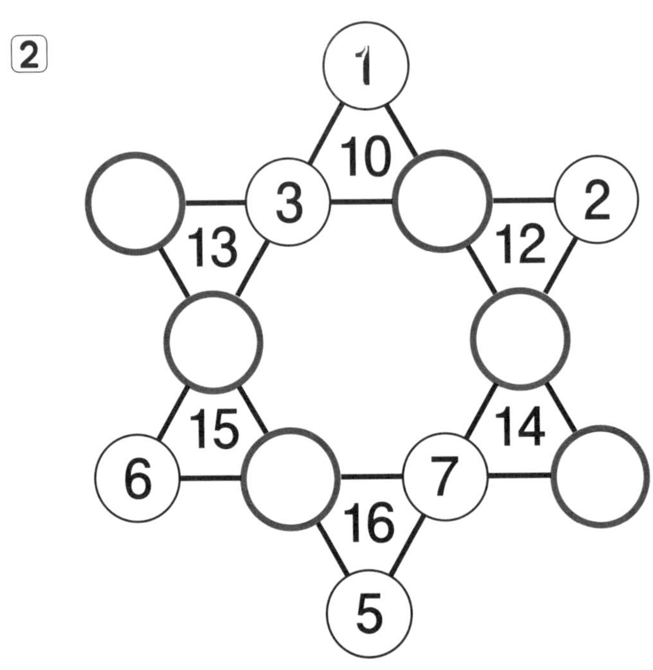

DAY 50 숫자 그림 다른 부분 찾기

월 일 정답 / 8문제 | 답 134p

아래의 숫자 그림에는 위의 그림과 다른 부분이 있습니다.
아래 그림의 다른 부분에 ○ 표를 하시오. 다른 숫자 하나당 한 곳으로 셉니다.

위

다른 부분 8곳

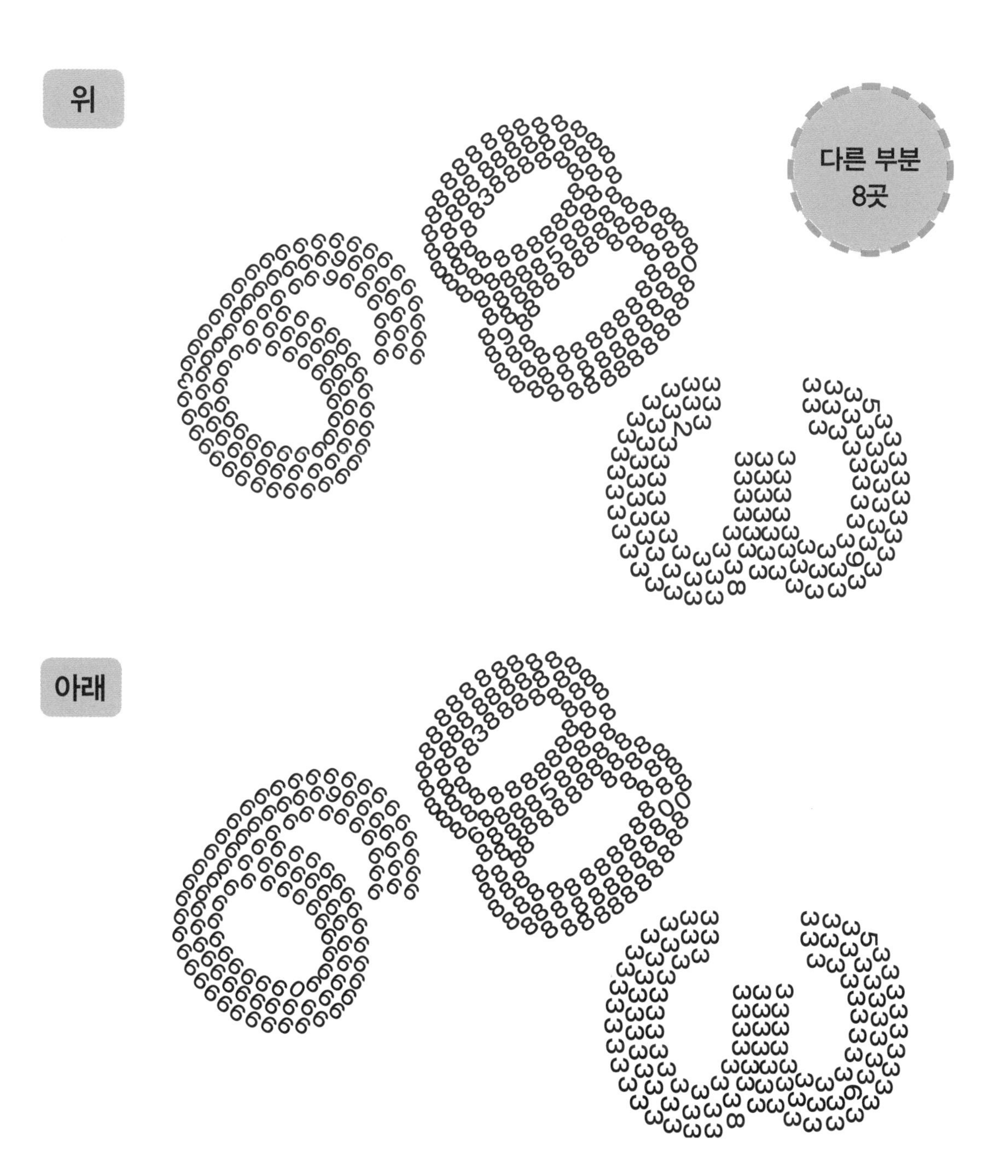

아래

DAY **51** 벌집 퍼즐

월 일 정답 / 6문제 | 답 134p

이웃하는 ⬡ 안의 수를 더한 수가 아래의 ⬡ 안에 들어갑니다.
⬡ 안에 맞는 수를 쓰시오.

1

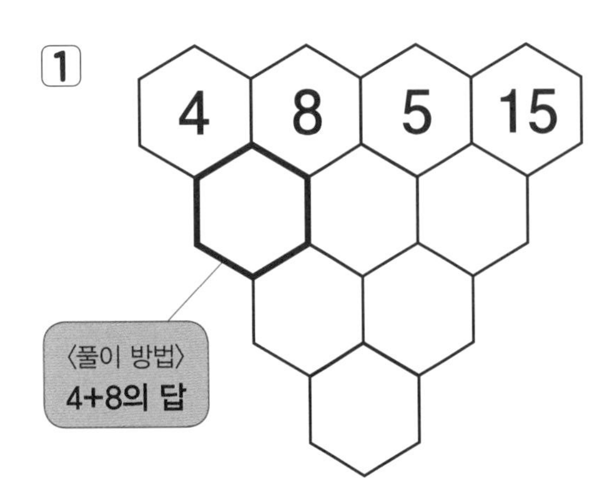

2

5 2 9 12

3

3 4
26
47

4

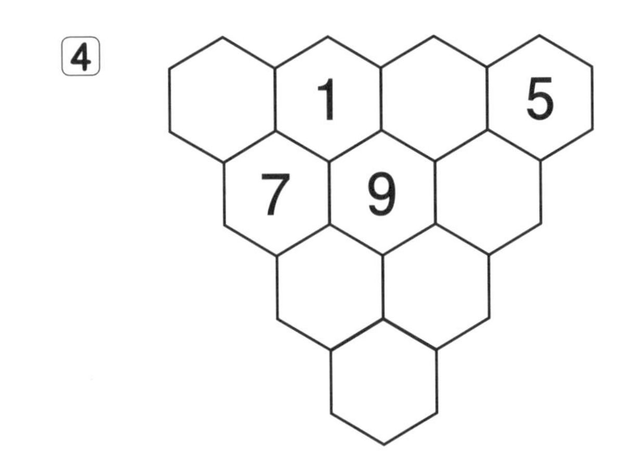

5

7
19 17
65

6

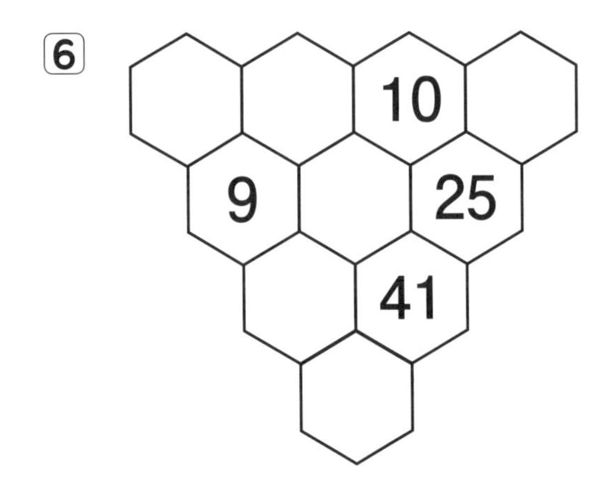

DAY 52 돈 퍼즐

월 일 정답 / 2문제 | 답 134p

그림을 보고 합계액을 □ 안에 쓰시오. 메모해서 계산해도 됩니다.

1

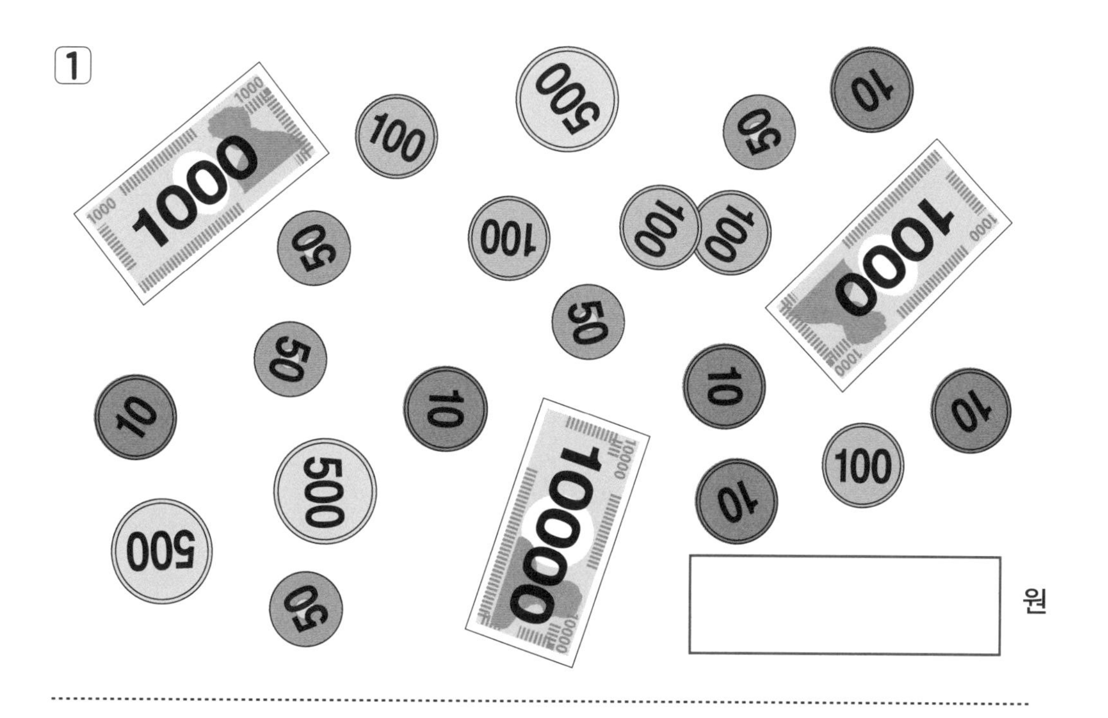

원

2

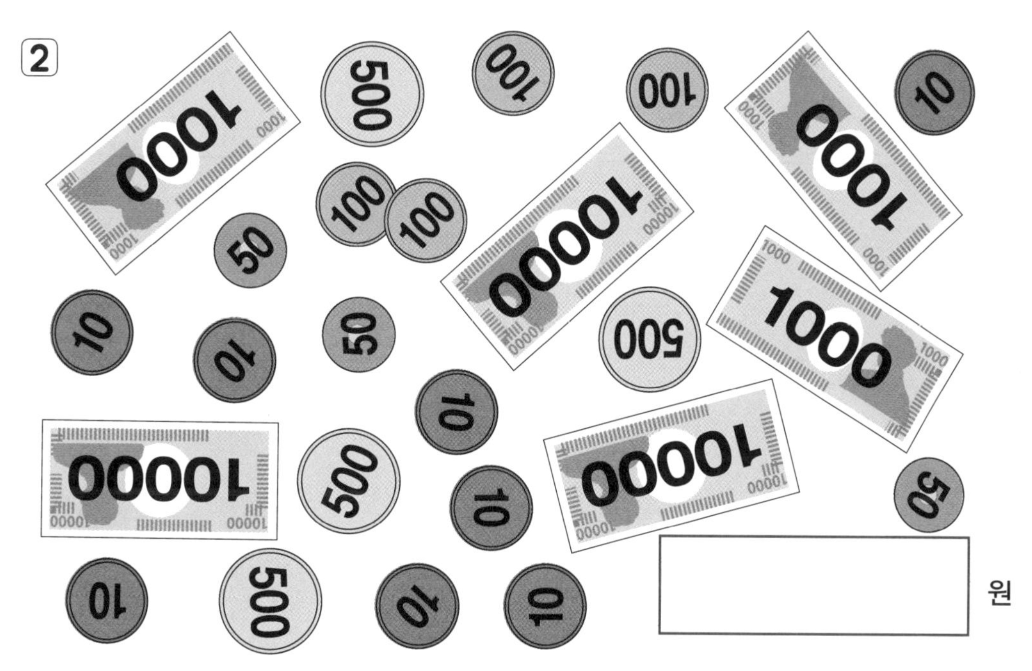

원

DAY 53 주판 계산 퍼즐 ※주판 보는 법은 12페이지 참조

월 일 정답 / 9문제 | 답 134p

주판 그림을 보고 계산한 답을 숫자로 쓰시오. 숫자를 메모하여 계산해도 됩니다.

① + =

② − =

③ − =

④ − =

⑤ + =

⑥ − =

⑦ − =

⑧ ÷ =

⑨ × =

DAY 54 마방진 ※풀이 방법은 11페이지 참조

월 일 정답 / 6문제 | 답 134p

가로 · 세로 · 대각선으로 더한 수의 합계가 각각 21이 되도록 □ 안에 맞는 수를 쓰시오.

①

□	□	□
□	7	9
□	11	4

②

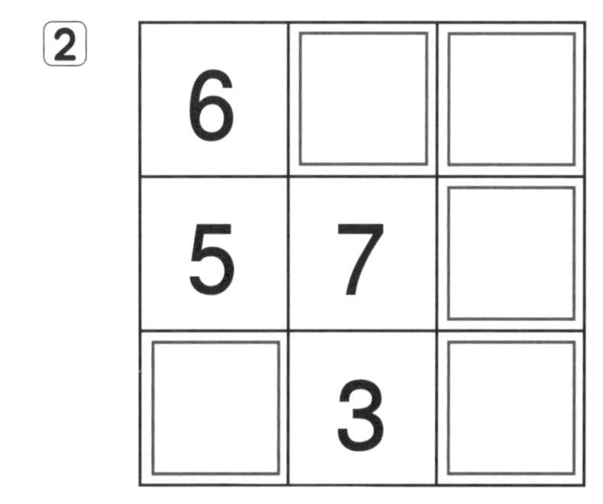

6	□	□
5	7	□
□	3	□

③

□	13	□
11	7	□
□	□	12

④

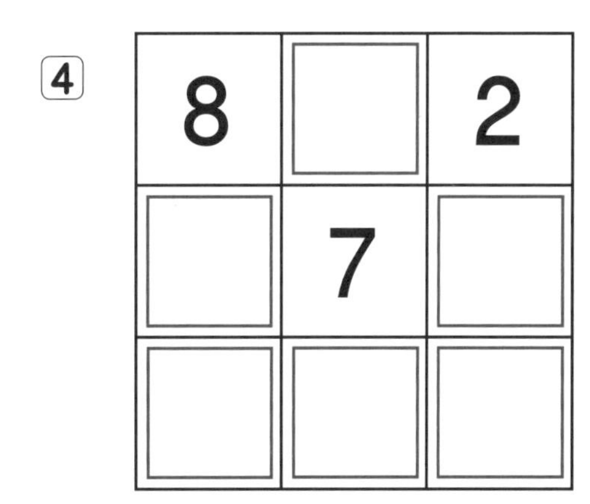

8	□	2
□	7	□
□	□	□

⑤

□	□	10
□	7	□
□	12	□

⑥

□	8	4
□	7	□
□	□	□

DAY 55 혼합 계산

월 일 정답 / 12문제 | 답 134p

계산을 해서 답을 숫자로 쓰시오. 글자를 숫자로 써서 계산해도 됩니다.

1 여든하나 + 서른아홉 =

2 칠십이 ÷ ⚂ =

3 육십일 − ⚄ =

4 팔 + 서른하나 =

5 여든둘 − 마흔 + 칠십오 =

6 열 × 십일 =

7 이십칠 + 열셋 + ⚁ =

8 예순넷 − 이십삼 =

9 마흔둘 ÷ ⚅ =

10 열둘 × 넷 =

11 오십사 ÷ 아홉 =

12 삼십칠 − 스물둘 + 열여섯 =

DAY 56 미로 계산 퍼즐

월 일 정답 / 6문제 | 답 134p

출발부터 도착까지 칸막이의 뚫려 있는 곳으로 지나가며 왼쪽 위의 숫자를 더하거나 빼서 답에 해당하는 숫자를 빈칸에 쓰면서 나아가시오.

1 덧셈

+13	+5	+9
+34	+28	+17
+8 도착	+7	출발 4

2 덧셈

+18	+13	+24 도착
+26	+7	+39
+3	+5	출발 8

3 뺄셈

−14 도착	−7	−5
−33	−6	−9
−24	−16	출발 119

4 뺄셈

−4	−9	−21 도착
−17	−13	−7
−25	−16	출발 121

5 덧셈 · 뺄셈

−38	−27	+5
+46	+9 도착	+15
+11	−7	출발 18

6 덧셈 · 뺄셈

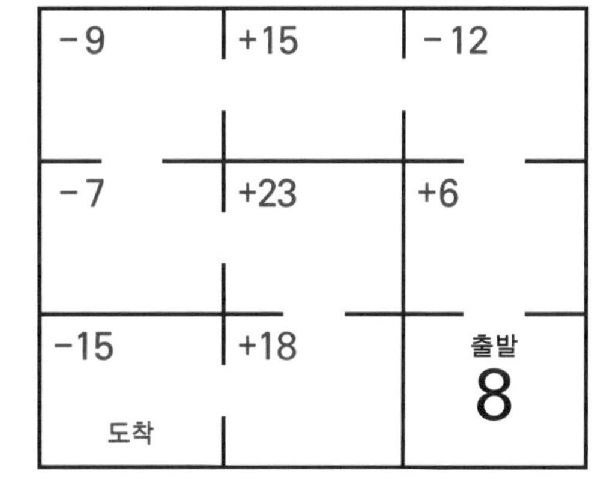

DAY 57 쌍 덧셈

월 일 정답 / 6문제 | 답 135p

두 개의 숫자를 더하면 90이 되는 쌍이 세 쌍 있습니다. □ 안에 답을 쓰시오.

①

10	33	60	21	43	20
1	18	9	49	67	39
13	46	5	16	12	71
3	2	73	19	24	72
75	58	29	31	22	64
34	80	6	82	7	37

□ 와 □

□ 와 □

□ 와 □

②

5	83	37	11	4	24
74	23	61	42	71	47
32	13	30	39	70	62
56	35	51	9	44	17
2	1	26	8	73	38
49	80	79	33	54	87

□ 와 □

□ 와 □

□ 와 □

DAY 58 저울 퍼즐

월 일 정답 / 2문제 | 답 135p

추 안의 숫자는 무게를 나타냅니다. 같은 무게로 균형이 잡히도록 위에 있는 다섯 개의 추에서 맞는 숫자를 골라 □ 안에 쓰시오.

1

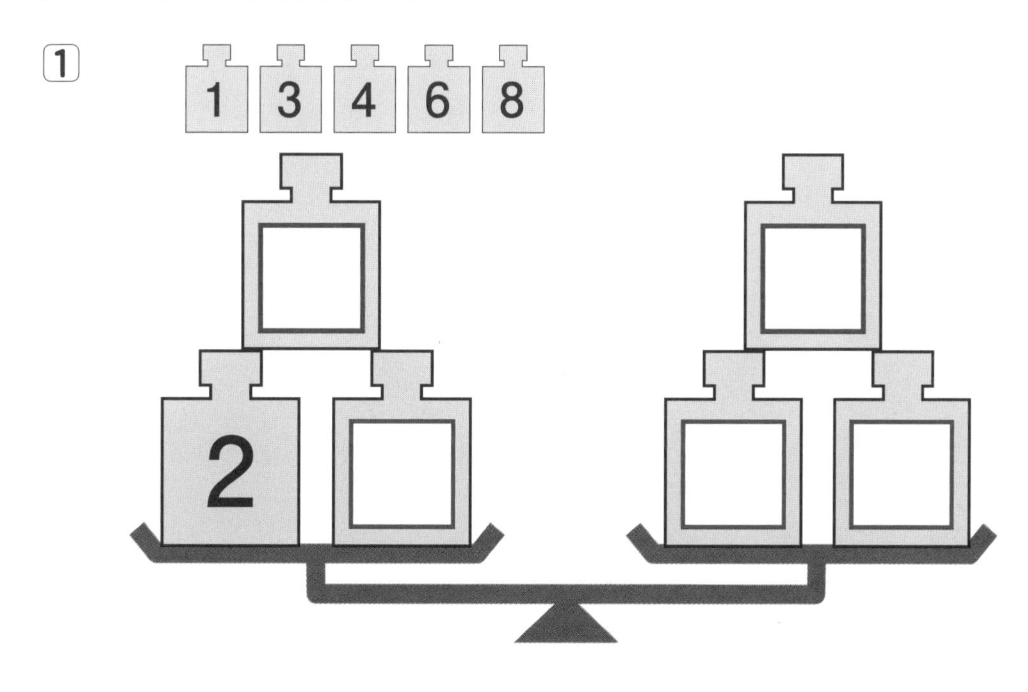

2

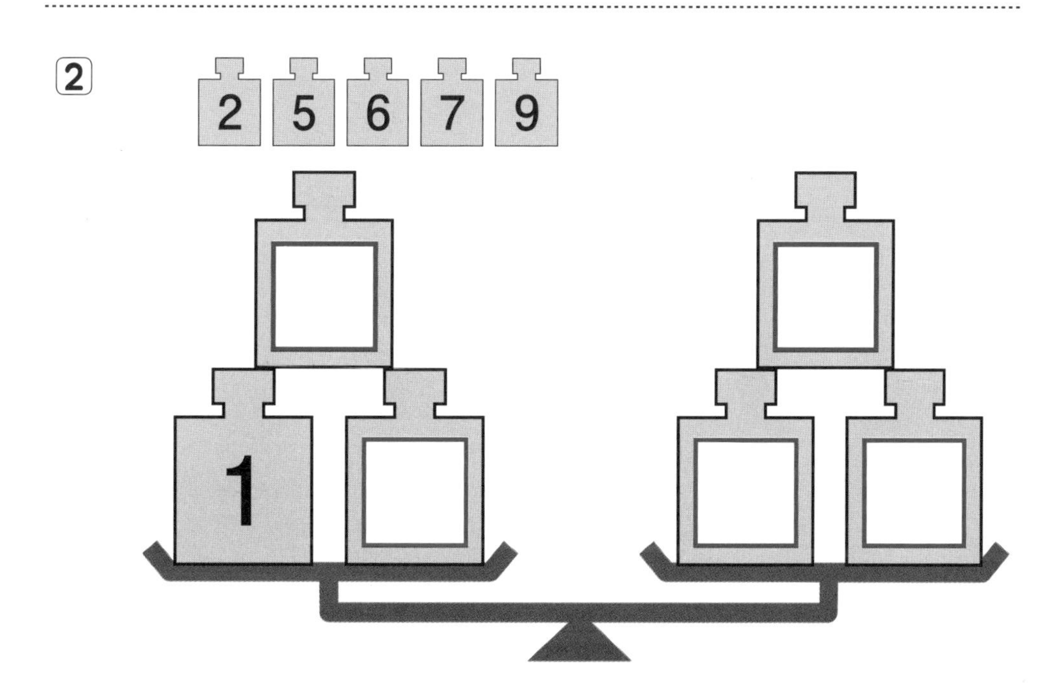

DAY 59 숫자 그림 다른 부분 찾기

월 일 정답 / 8문제 | 답 135p

아래의 숫자 그림에는 위의 그림과 다른 부분이 있습니다.
아래 그림의 다른 부분에 ○ 표를 하시오. 다른 숫자 하나당 한 곳으로 셉니다.

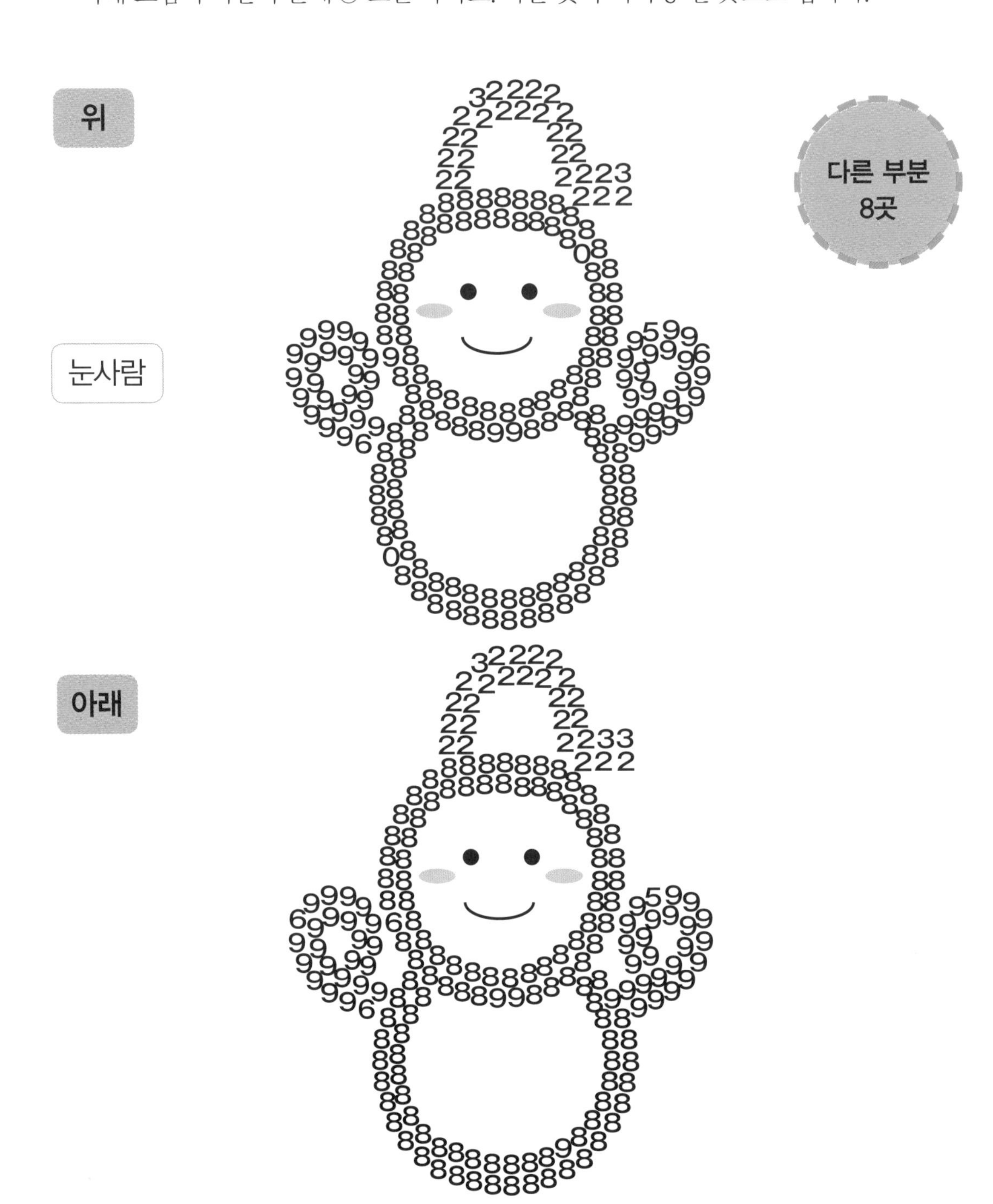

DAY 60 별 모양 퍼즐

월 일 정답 / 2문제 | 답 135p

예와 같이 삼각형의 꼭짓점에 있는 숫자 세 개를 더하면 한가운데의 숫자가 됩니다.
비어 있는 ○ 안에 맞는 숫자를 쓰시오.

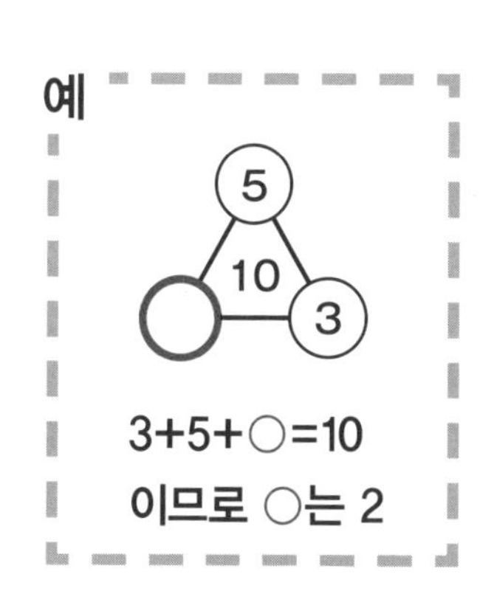

1

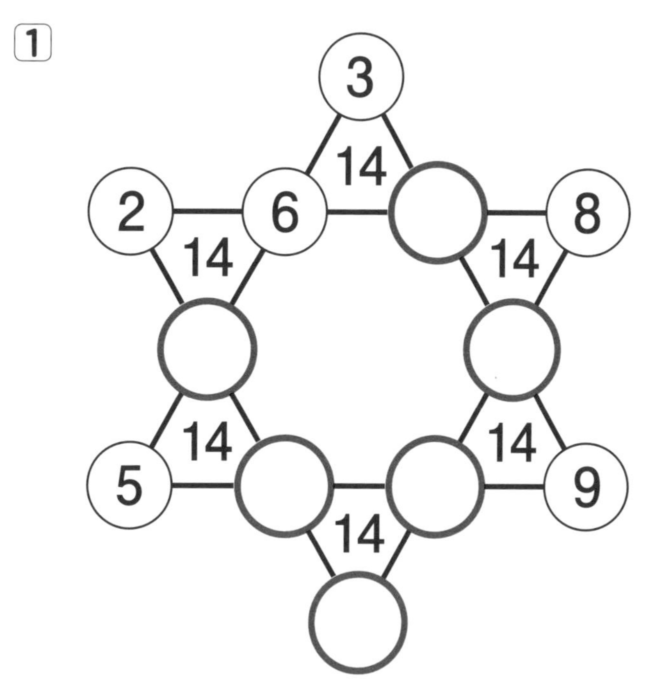

2

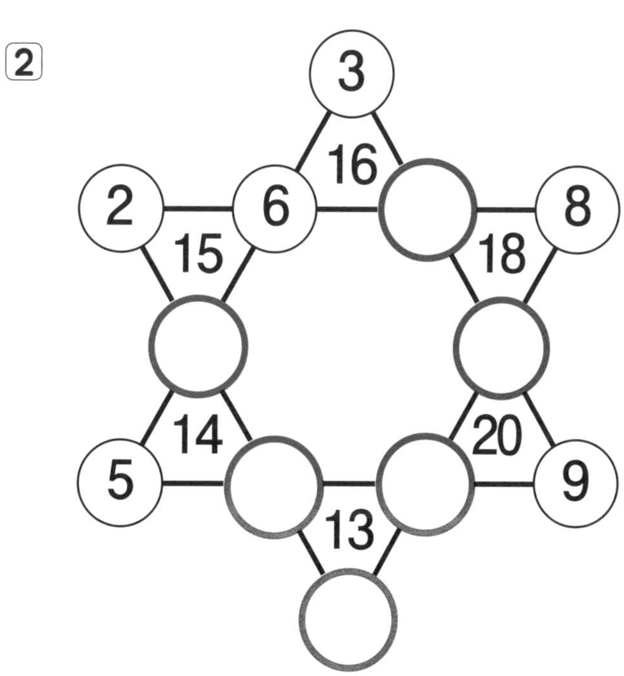

DAY 61 달력

월 일 정답 / 6문제 | 답 135p

달력을 보고 질문에 답하시오.

2 月						
日	月	火	水	木	金	土
					1	2
3	4	5	6	7	8	9
10	11	12	13	14	15	16
(17)	18	19	20	21	22	23
24	25	26	27	28		

3 月						
日	月	火	水	木	金	土
					1	2
3	4	[5]	6	7	8	9
10	11	12	13	14	15	16
17	18	19	20	21	22	23
24/31	25	26	27	28	29	30

1 ○의 날과 □의 날 사이에는 며칠이 있는가?
(○의 날과 □의 날은 날수에 들어가지 않는다). ______ 일

2 □의 날은 3월 23일보다 며칠 전인가? ______ 일 전

3 2월 7일은 3월 25일보다 며칠 전인가? ______ 일 전

8 月						
日	月	火	水	木	金	土
				1	2	3
4	5	6	7	8	9	(10)
11	12	13	14	15	16	17
18	19	20	21	22	23	24
25	26	27	28	29	30	31

4 ○의 날로부터 2주일 후는 몇 월 며칠인가? ______ 월 ______ 일

5 ○의 날로부터 23일 후는 몇 월 며칠인가? ______ 월 ______ 일

6 다음 달의 두 번째 금요일은 몇 월 며칠인가? ______ 월 ______ 일

DAY 62 문구류 가격 덧셈

월 일 정답 / 4문제 | 답 135p

문구류 1개당 가격을 근거로 합계액을 답하시오. 메모해서 계산해도 됩니다.

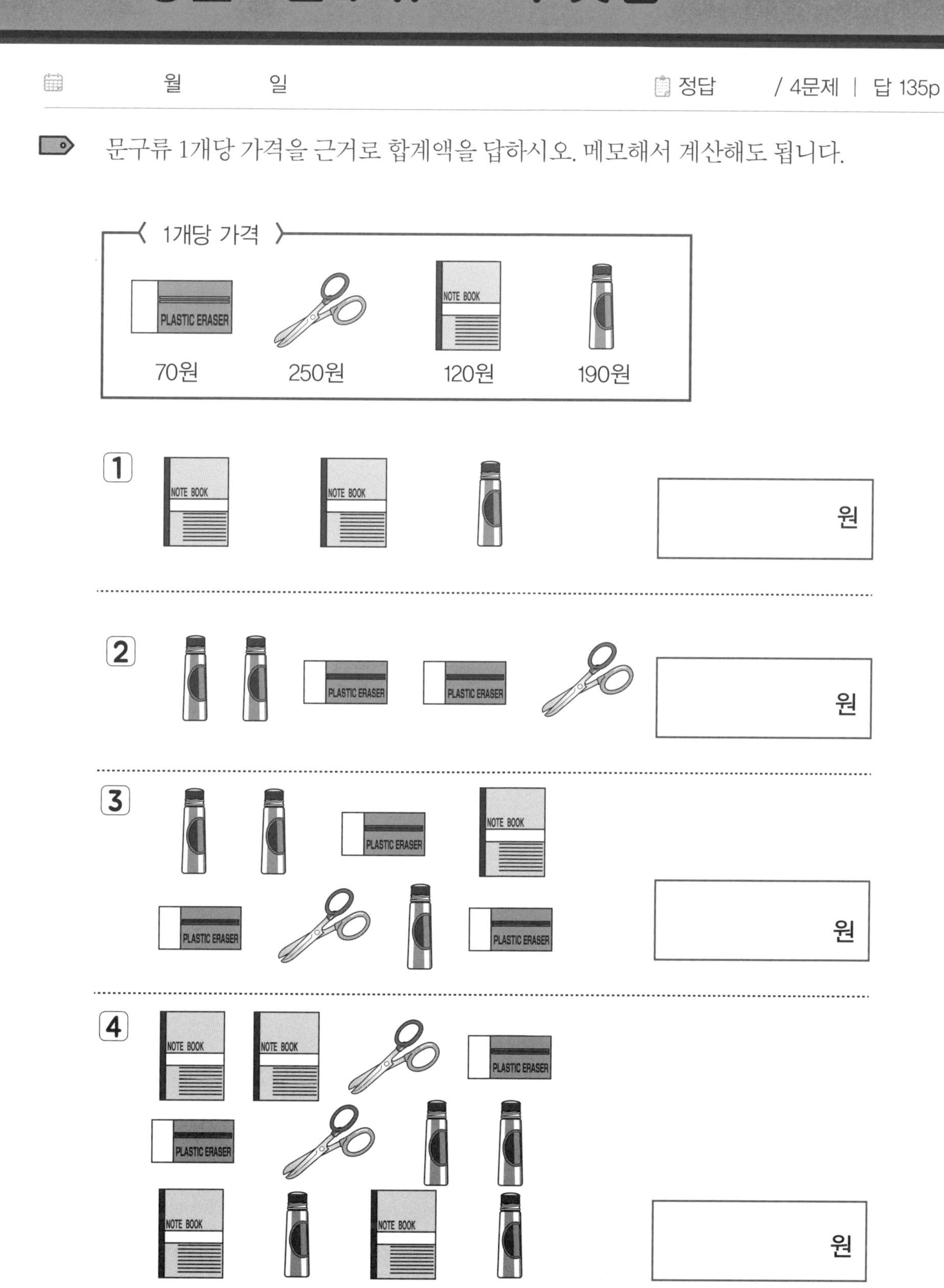

DAY 63 벌집 퍼즐

월 일 정답 / 6문제 | 답 135p

이웃하는 ⬡ 안의 수를 더한 수가 아래의 ⬡ 안에 들어갑니다.
⬡ 안에 맞는 수를 쓰시오.

1

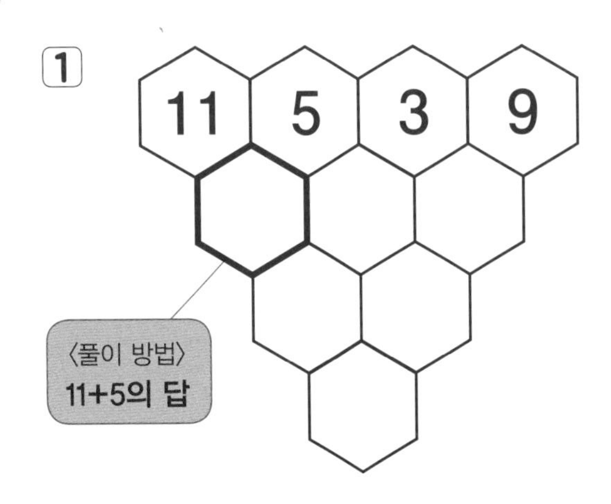

2

2 8 4 14

3

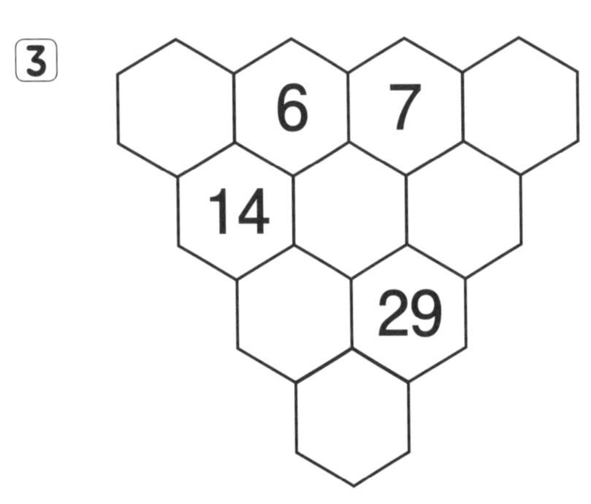

4

4 7 5

17

5

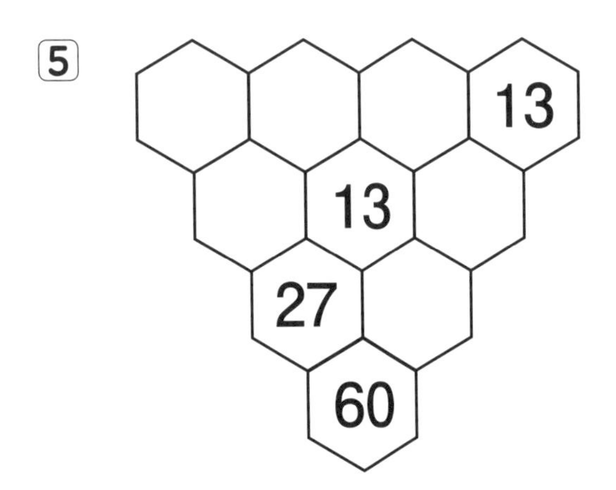

6

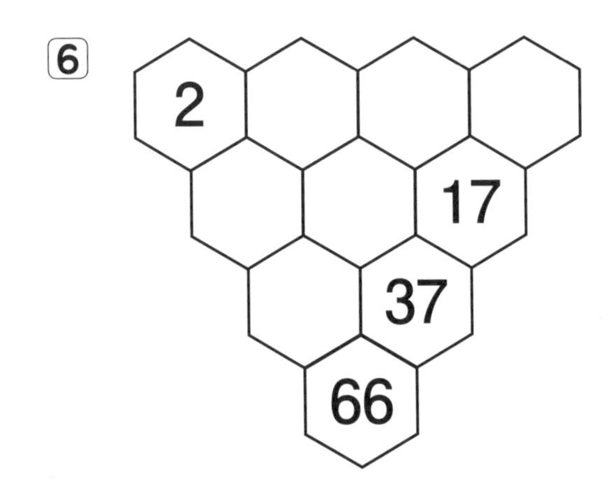

DAY 64 혼합 계산

월 일 정답 / 12문제 | 답 135p

계산을 해서 답을 숫자로 쓰시오. 글자를 숫자로 써서 계산해도 됩니다.

1. 여든하나 − 일흔넷 = ☐
2. 서른하나 − 팔 = ☐
3. 다섯 × 스물여섯 = ☐
4. 오십일 − 열하나 + ⚂ = ☐
5. 열일곱 + 아흔셋 − 팔십이 = ☐
6. 여든넷 ÷ ⚃ = ☐
7. 일흔셋 + 마흔다섯 = ☐
8. 아흔하나 ÷ 칠 = ☐
9. 십오 + 여든셋 − ⚅ = ☐
10. 육십 ÷ 열둘 = ☐
11. 열아홉 × 구 = ☐
12. 마흔둘 − 열여섯 = ☐

DAY 65 쌍 덧셈

월 일 정답 / 6문제 | 답 136p

두 개의 숫자를 더하면 80이 되는 쌍이 세 쌍 있습니다. □ 안에 답을 쓰시오.

1

66	73	6	13	78	23
10	14	21	48	69	45
24	15	68	37	61	39
33	71	79	30	20	55
26	5	72	22	17	38
62	77	18	64	29	41

□와□

□와□

□와□

2

70	42	8	11	20	27
17	26	39	15	24	30
66	78	49	61	77	54
68	6	19	48	67	4
16	23	29	33	73	55
46	44	18	9	28	31

□와□

□와□

□와□

DAY 66 미로 계산 퍼즐

월 일 정답 / 6문제 | 답 136p

출발부터 도착까지 칸막이의 뚫려 있는 곳으로 지나가며 왼쪽 위의 숫자를 더하거나 빼서 답에 해당하는 숫자를 빈칸에 쓰면서 나아가시오.

1 덧셈

+9 도착	+15	+33
+16	+7	+26
+4 출발 8	+4	+5

2 덧셈

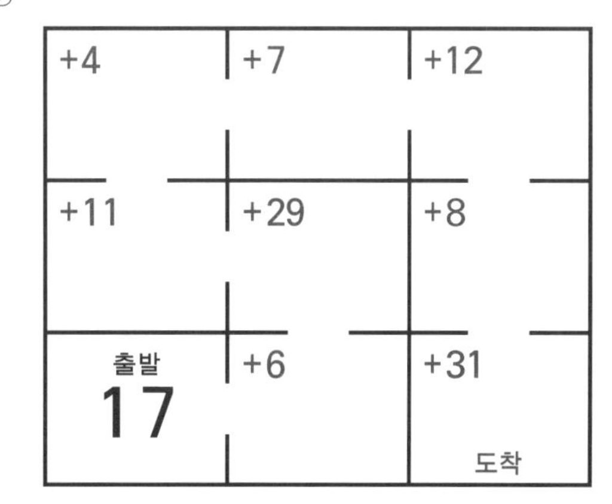

3 뺄셈

-6	-35	-14
-7	-5 도착	-3
출발 98	-17	-8

4 뺄셈

-9 도착	-6	-7
-12	-31	-4
출발 111	-16	-22

5 덧셈 · 뺄셈

+6	-41	+34
+9	-16 도착	+25
출발 13	+7	-12

6 덧셈 · 뺄셈

+27	+9	-21 도착
-16	-7	+19
출발 23	+11	-8

DAY 67 배수 찾기

월 일 정답 / 10문제 | 답 136p

7로 나눌 수 있는 수(7의 배수)가 다섯 개 있습니다. □ 안에 답을 쓰시오.

①

8	20	26	90	32	1
14	12	52	75	78	15
36	25	35	81	91	56
72	84	10	76	29	66
47	51	11	58	65	41
3	4	34	54	59	50

②

36	19	17	62	85	92
47	97	63	98	9	43
39	96	2	49	68	61
42	18	24	80	38	25
69	65	82	12	22	28
8	26	32	90	59	37

DAY 68 숫자 그림 다른 부분 찾기

월 일 정답 / 9문제 | 답 136p

아래의 숫자 그림에는 위의 그림과 다른 부분이 있습니다.
아래 그림의 다른 부분에 ○ 표를 하시오. 다른 숫자 하나당 한 곳으로 셉니다.

다른 부분 9곳

위

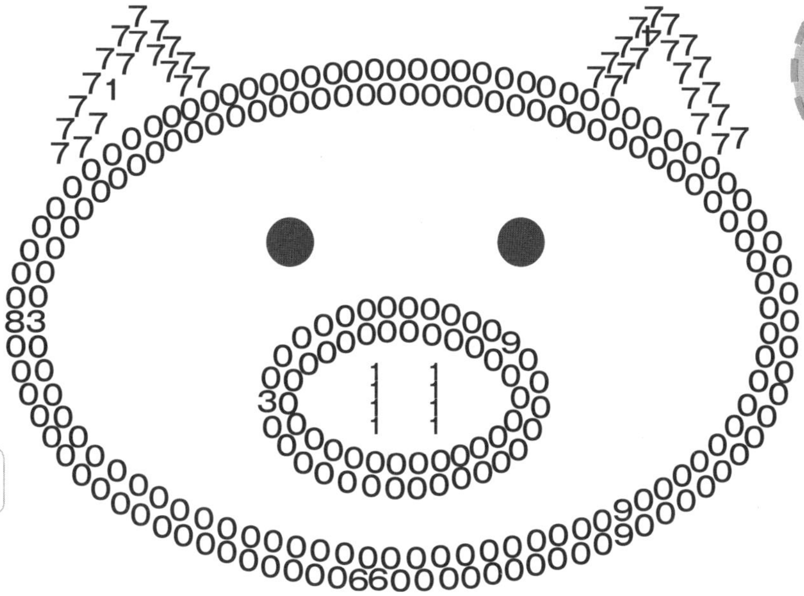

돼지

아래

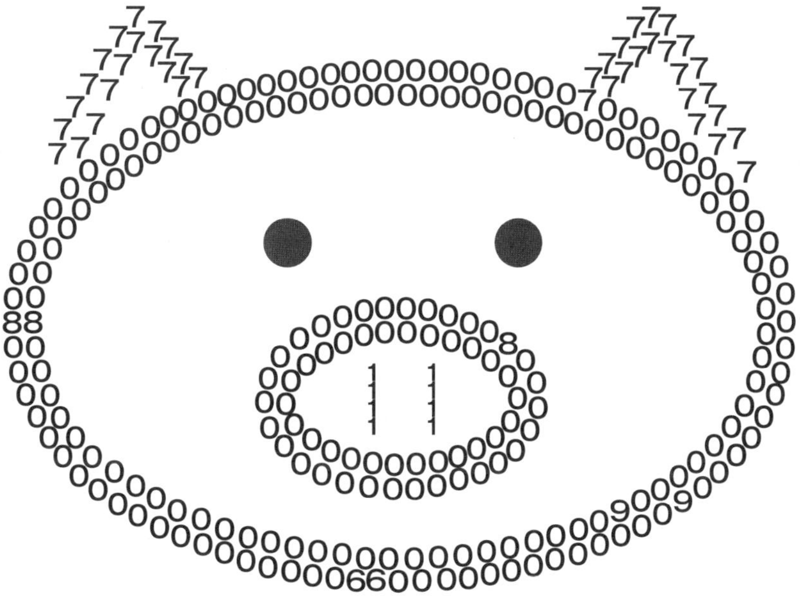

DAY 69 별 모양 퍼즐

월 일 정답 / 2문제 | 답 136p

예와 같이 삼각형의 꼭짓점에 있는 숫자 세 개를 더하면 한가운데의 숫자가 됩니다.
비어 있는 ○ 안에 맞는 숫자를 쓰시오.

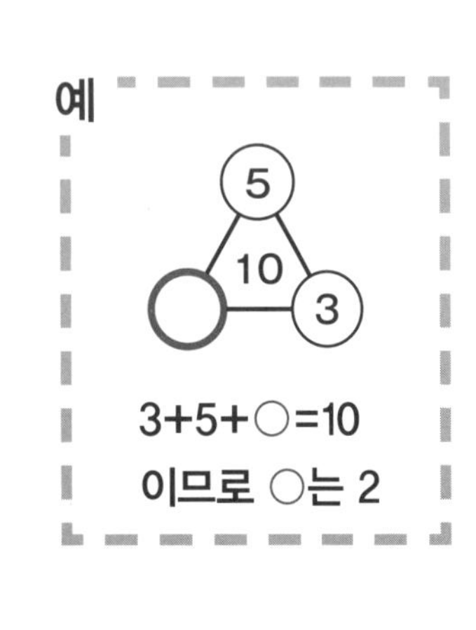

1

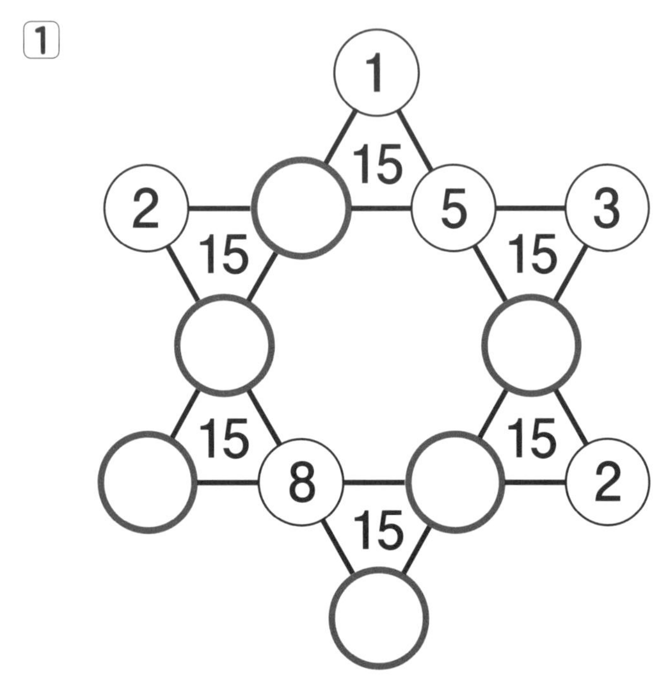

2

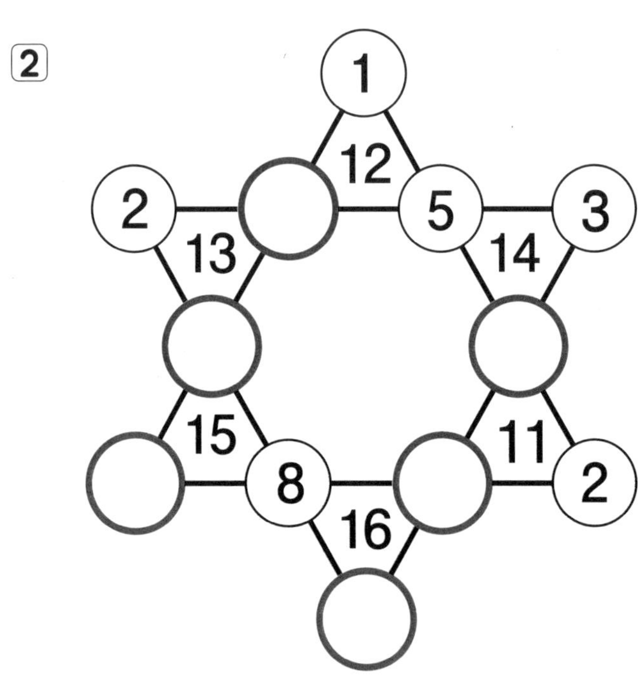

DAY 70 주판 계산 퍼즐 ※주판 보는 법은 12페이지 참조

월 일 정답 / 9문제 | 답 136p

주판 그림을 보고 계산한 답을 숫자로 쓰시오. 숫자를 메모하여 계산해도 됩니다.

1 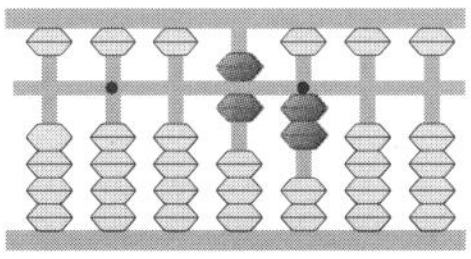 − 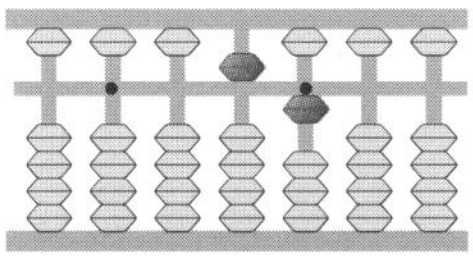 =

2 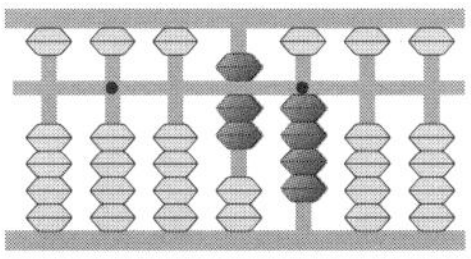 − 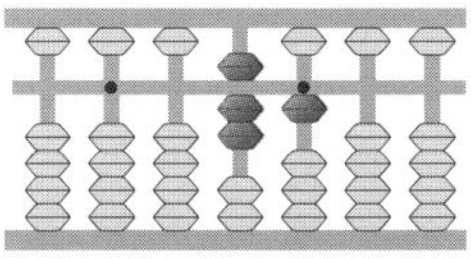 =

3 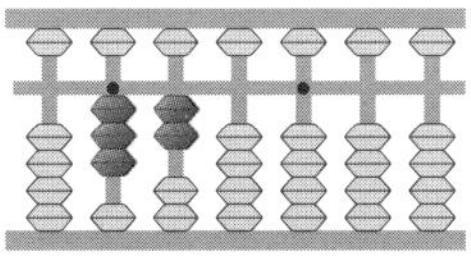 + 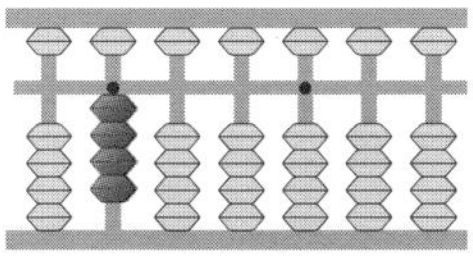 =

4 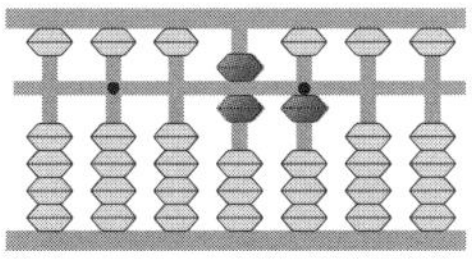 − 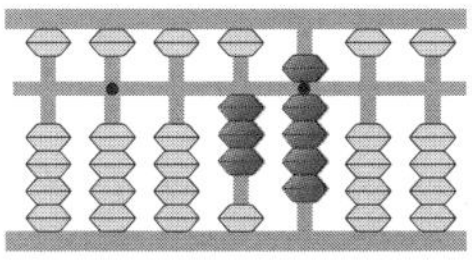 =

5 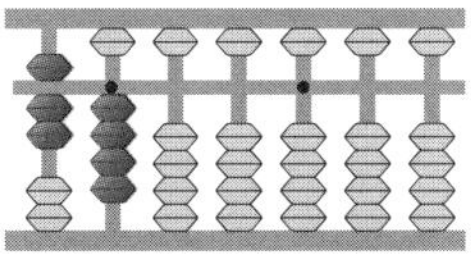 + 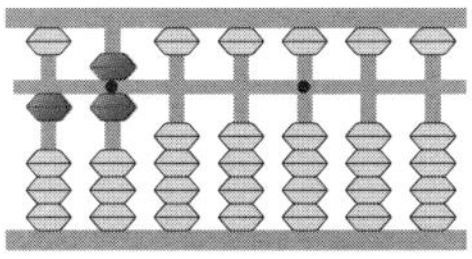 =

6 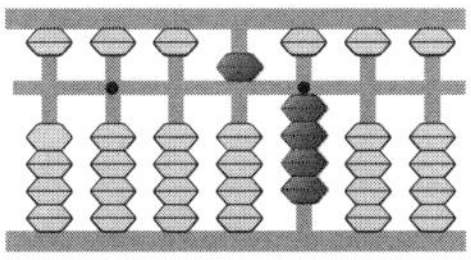 + 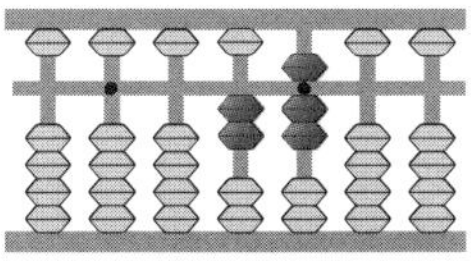 =

7 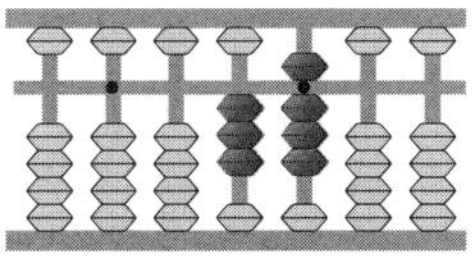 × 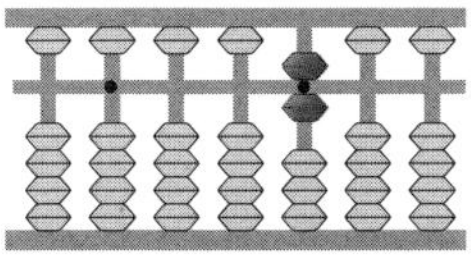 =

8 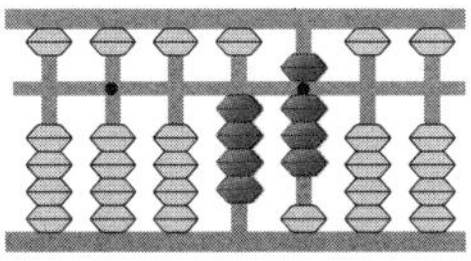 ÷ 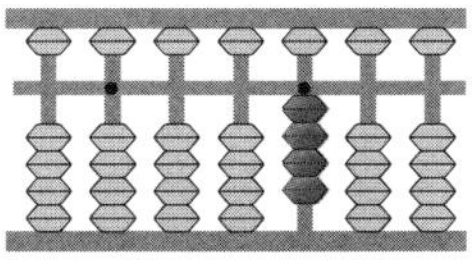 =

9 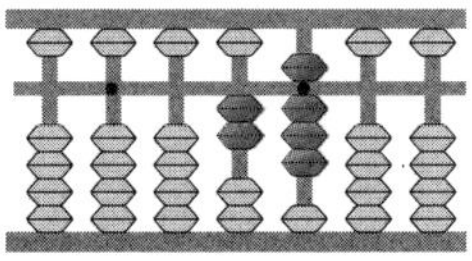 ÷ 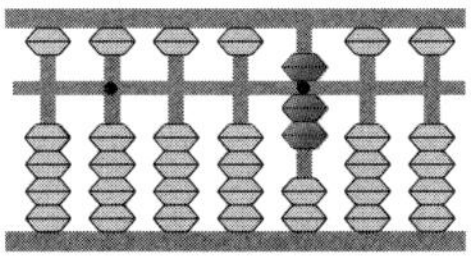 =

DAY 71 저울 퍼즐

월 일 정답 / 2문제 | 답 136p

추 안의 숫자는 무게를 나타냅니다. 같은 무게로 균형이 잡히도록 위에 있는 다섯 개의 추에서 맞는 숫자를 골라 □ 안에 쓰시오.

①

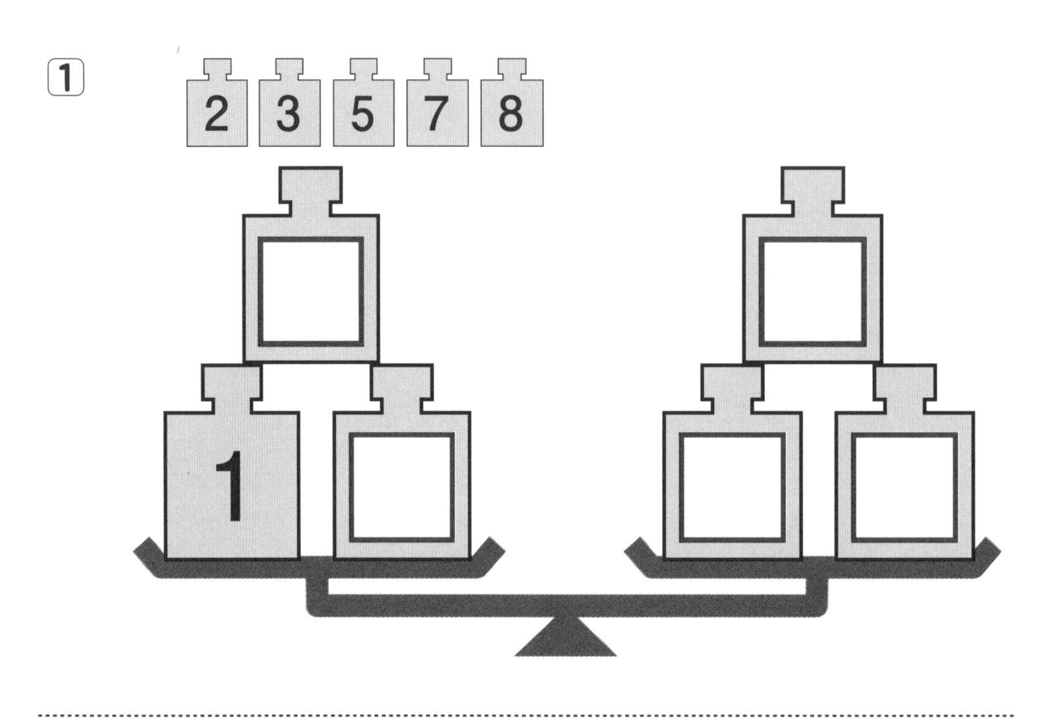

②

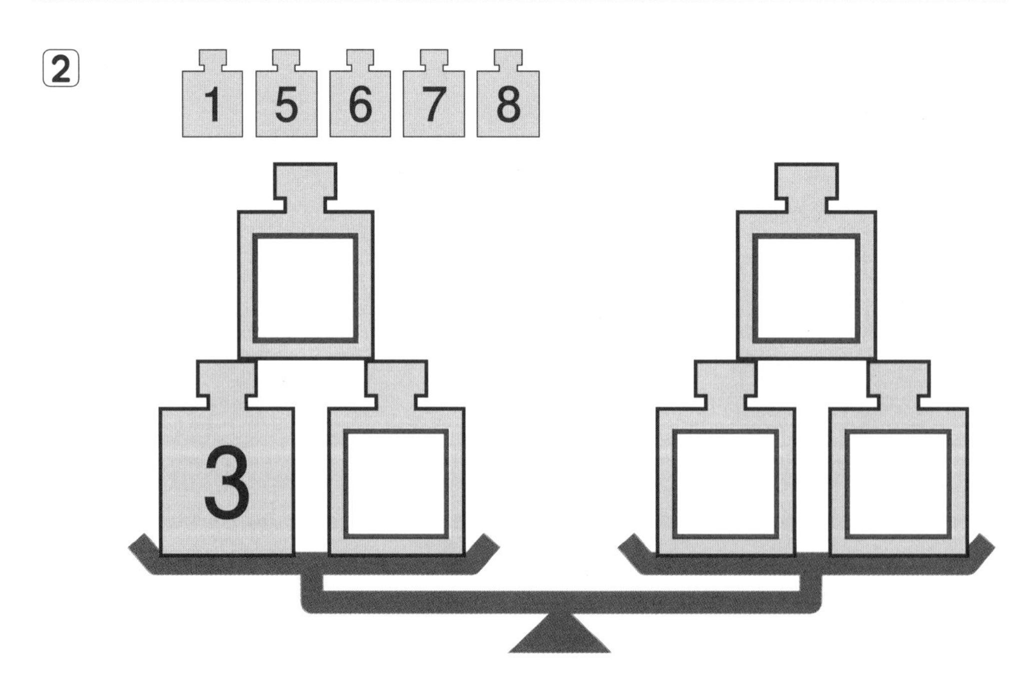

DAY 72 시간 계산

월 일 정답 / 12문제 | 답 136p

시계 아래의 시계를 보고 답하시오.

3시간 55분 후는	시 분
1시간 35분 전은	시 분

계산 시간의 덧셈, 뺄셈입니다. ○시간 ○분이라고 답하시오.

1. 1 시간 23 분 + 14 시간 35 분 = 시간 분
2. 2 시간 29 분 + 19 시간 8 분 = 시간 분
3. 5 시간 23 분 − 1 시간 21 분 = 시간 분
4. 11 시간 46 분 − 6 시간 25 분 = 시간 분
5. 14 시간 42 분 + 13 시간 19 분 = 시간 분
6. 19 시간 34 분 − 18 시간 15 분 = 시간 분
7. 18 시간 5 분 − 13 시간 57 분 = 시간 분
8. 18 시간 5 분 + 15 시간 57 분 = 시간 분
9. 16 시간 45 분 − 7 시간 56 분 = 시간 분
10. 18 시간 16 분 + 15 시간 40 분 = 시간 분

DAY 73 벌집 퍼즐

월 일 정답 / 6문제 | 답 137p

이웃하는 ⬡ 안의 수를 더한 수가 아래의 ⬡ 안에 들어갑니다.
⬡ 안에 맞는 수를 쓰시오.

1
5 9 10 5

〈풀이 방법〉
5+9의 답

2
3 11 4 7

3
4
13
28
53

4
9
7
19 18

5
18
19 7
55

6
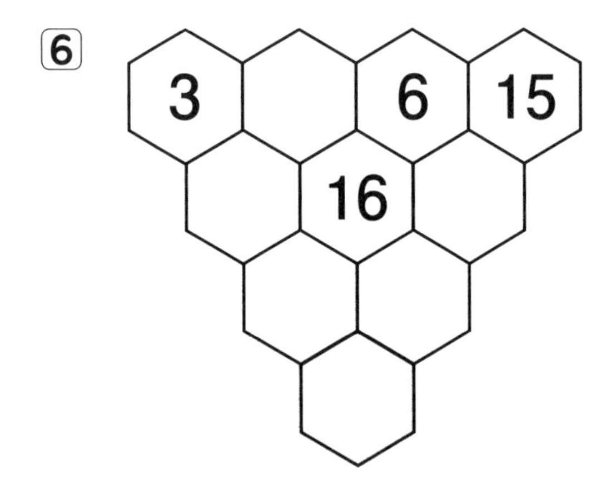

DAY 74 돈 퍼즐

월 일 정답 / 2문제 | 답 137p

그림을 보고 합계액을 □ 안에 쓰시오. 메모해서 계산해도 됩니다.

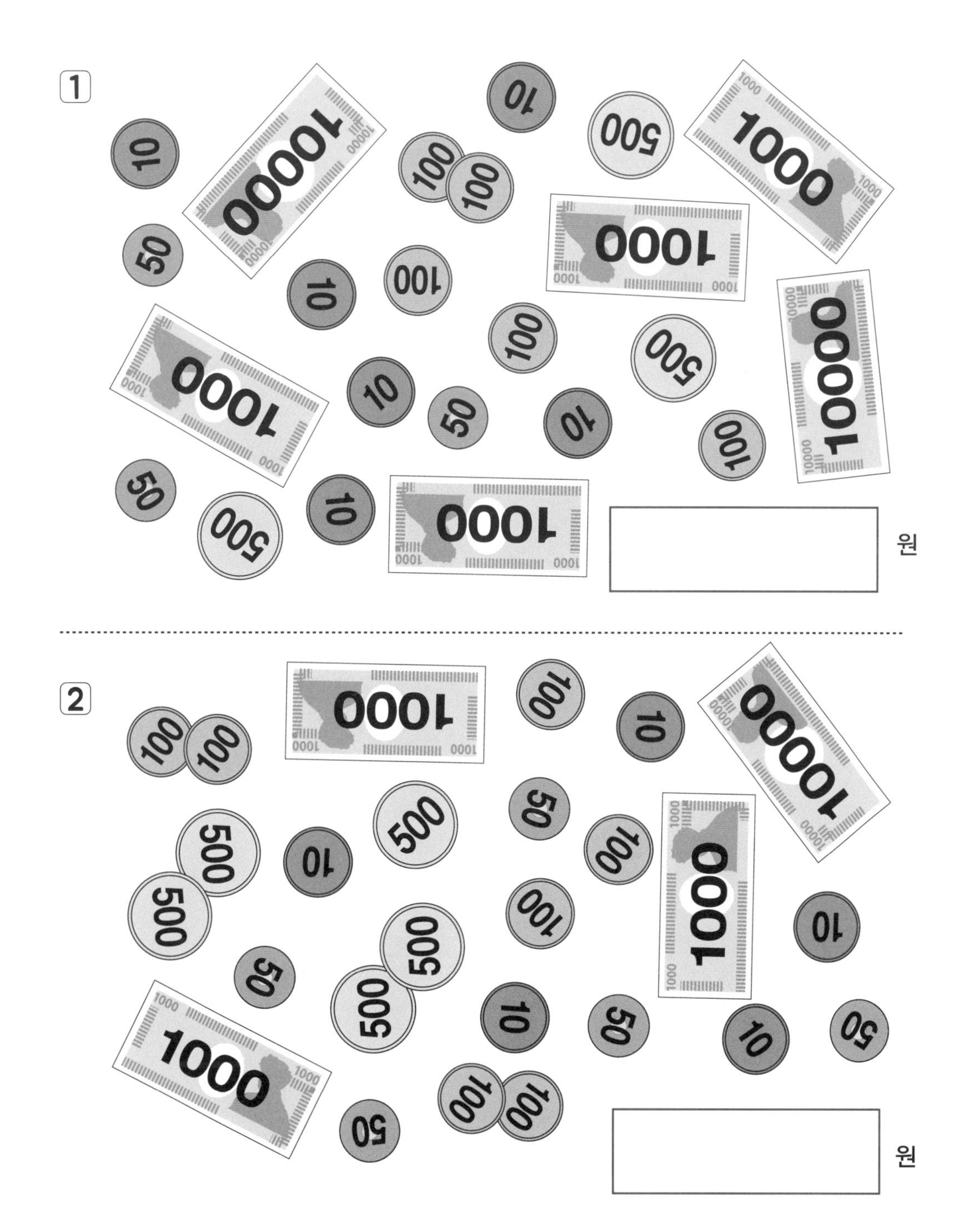

DAY 75 미로 계산 퍼즐

월 일 정답 / 6문제 | 답 137p

출발부터 도착까지 칸막이의 뚫려 있는 곳으로 지나가며 왼쪽 위의 숫자를 더하거나 빼서 답에 해당하는 숫자를 빈칸에 쓰면서 나아가시오.

1 덧셈

출발 7	+32	+4
+6	+26	+5
+8	+19	+7 도착

2 덧셈

출발 6	+17	+46
+15	+9 도착	+4
+6	+7	+8

3 뺄셈

출발 123	−19	−26 도착
−8	−16	−17
−15	−3	−4

4 뺄셈

출발 105	−14	−13
−3	−16	−8
−5	−27	−9 도착

5 덧셈 · 뺄셈

출발 22	+9	−25
−4	−13	+17
+29 도착	+5	−8

6 덧셈 · 뺄셈

출발 18	−8	+21
+11	−14	−16
+15 도착	−7	+4

DAY 76 쌍 덧셈

월 일

정답 / 6문제 | 답 137p

두 개의 숫자를 더하면 80이 되는 쌍이 세 쌍 있습니다. □ 안에 답을 쓰시오.

①

14	25	47	20	27	57
35	11	31	67	76	28
46	30	37	72	7	56
54	17	52	59	5	43
74	16	78	19	29	10
39	15	9	44	63	62

□ 와 □

□ 와 □

□ 와 □

②

70	32	28	18	42	65
59	63	9	34	64	49
33	7	23	51	72	3
41	22	67	30	55	19
31	79	43	4	12	27
13	2	20	15	11	35

□ 와 □

□ 와 □

□ 와 □

DAY 77 숫자 그림 다른 부분 찾기

월 일 정답 / 9문제 | 답 137p

아래의 숫자 그림에는 위의 그림과 다른 부분이 있습니다.
아래 그림의 다른 부분에 ○ 표를 하시오. 다른 숫자 하나당 한 곳으로 셉니다.

위

다른 부분
9곳

아래

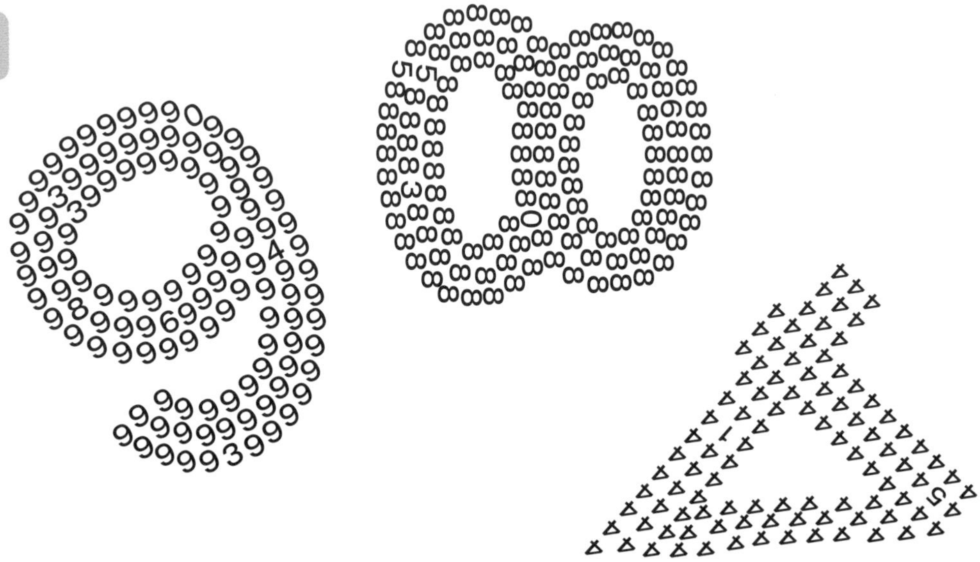

DAY 78 달력

월 일 | 정답 / 6문제 | 답 137p

달력을 보고 질문에 답하시오.

5月						
日	月	火	水	木	金	土
			1	2	3	4
5	6	7	8	9	10	11
12	13	14	15	16	17	18
19	20	21	22	23	24	25
□26	27	28	29	30	31	

6月						
日	月	火	水	木	金	土
						1
2	3	4	5	6	7	8
9	10	11	12	13	14	○15
16	17	18	19	20	21	22
23/30	24	25	26	27	28	29

1. □의 날은 ○의 날보다 며칠 전인가? (일 전)

2. □의 날은 5월 4일로부터 며칠 후인가? (일 후)

3. 5월 9일은 6월 19일보다 며칠 전인가? (일 전)

1月						
日	月	火	水	木	金	土
		1	2	3	4	5
6	7	8	○9	10	11	12
13	14	15	16	17	18	19
20	21	22	23	24	25	26
27	28	29	30	31		

4. 1월 16일보다 8일 전은 몇 월 며칠인가? (월 일)

5. ○의 날로부터 29일 후는 몇 월 며칠인가? (월 일)

6. 다음 달의 네 번째 토요일은 몇 월 며칠인가? (월 일)

DAY 79 혼합 계산

월 일 정답 / 12문제 | 단 137p

계산을 해서 답을 숫자로 쓰시오. 글자를 숫자로 써서 계산해도 됩니다.

1. 쉰여섯 ÷ 칠 = ☐
2. 이십칠 ÷ 셋 = ☐
3. 삼십사 × 둘 = ☐
4. 열여섯 − 구 = ☐
5. 쉰다섯 + ⚀ + 서른일곱 = ☐
6. 일흔둘 − 삼십육 − 스물셋 = ☐
7. 마흔다섯 ÷ 셋 = ☐
8. 오 × 열넷 = ☐
9. 오십삼 + 열일곱 + 여든셋 = ☐
10. 열여덟 + 여섯 − ⚃ = ☐
11. 스물하나 × 팔 = ☐
12. 사십오 − 열둘 = ☐

DAY 80 마방진 ※풀이 방법은 11페이지 참조

월 일 정답 / 6문제 | 답 137p

가로 · 세로 · 대각선으로 더한 수의 합계가 각각 24가 되도록 □ 안에 맞는 수를 쓰시오.

①

□	□	9
6	8	□
□	12	□

②

□	□	□
□	8	□
11	4	9

③

□	3	□
□	8	7
5	□	□

④

13	□	□
□	8	15
□	□	□

⑤

□	11	□
□	8	□
12	□	□

⑥

□	□	□
□	8	□
3	14	□

DAY 81 별 모양 퍼즐

월 일 정답 / 2문제 | 답 138p

예와 같이 삼각형의 꼭짓점에 있는 숫자 세 개를 더하면 한가운데의 숫자가 됩니다.
비어 있는 ○ 안에 맞는 숫자를 쓰시오.

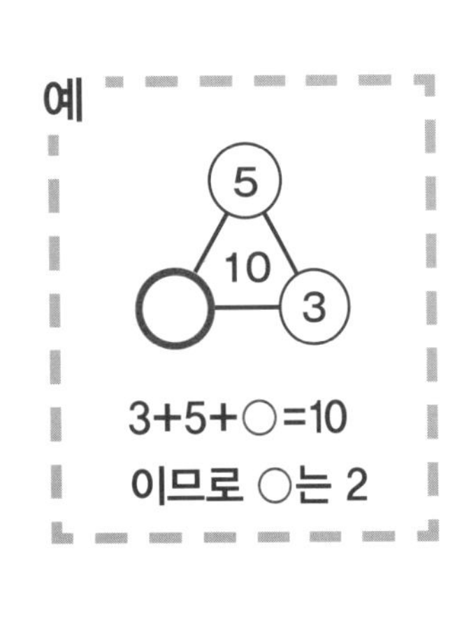

1

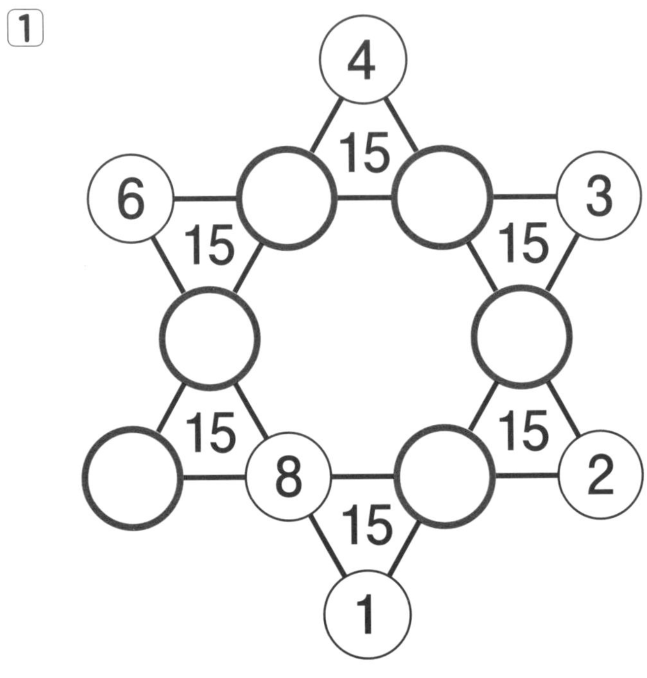

2

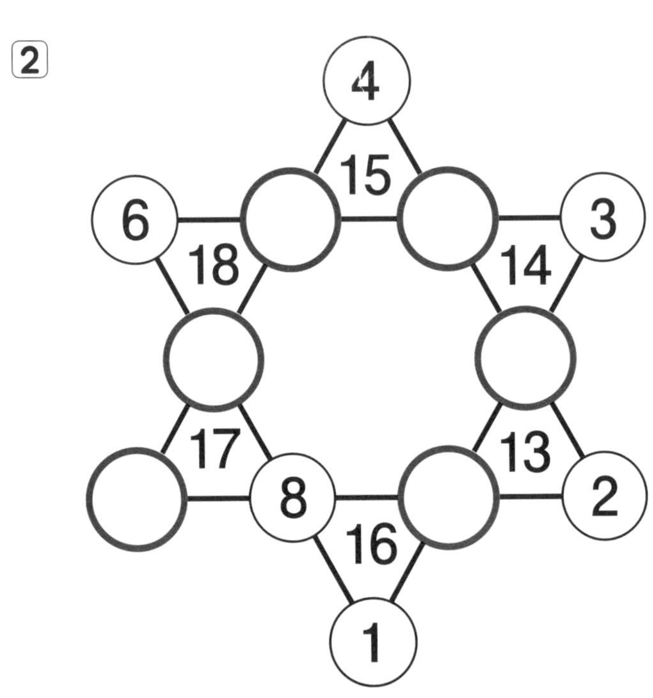

DAY 82 저울 퍼즐

월 일 정답 / 2문제 | 답 138p

추 안의 숫자는 무게를 나타냅니다. 같은 무게로 균형이 잡히도록 위에 있는 다섯 개의 추에서 맞는 숫자를 골라 □ 안에 쓰시오.

①

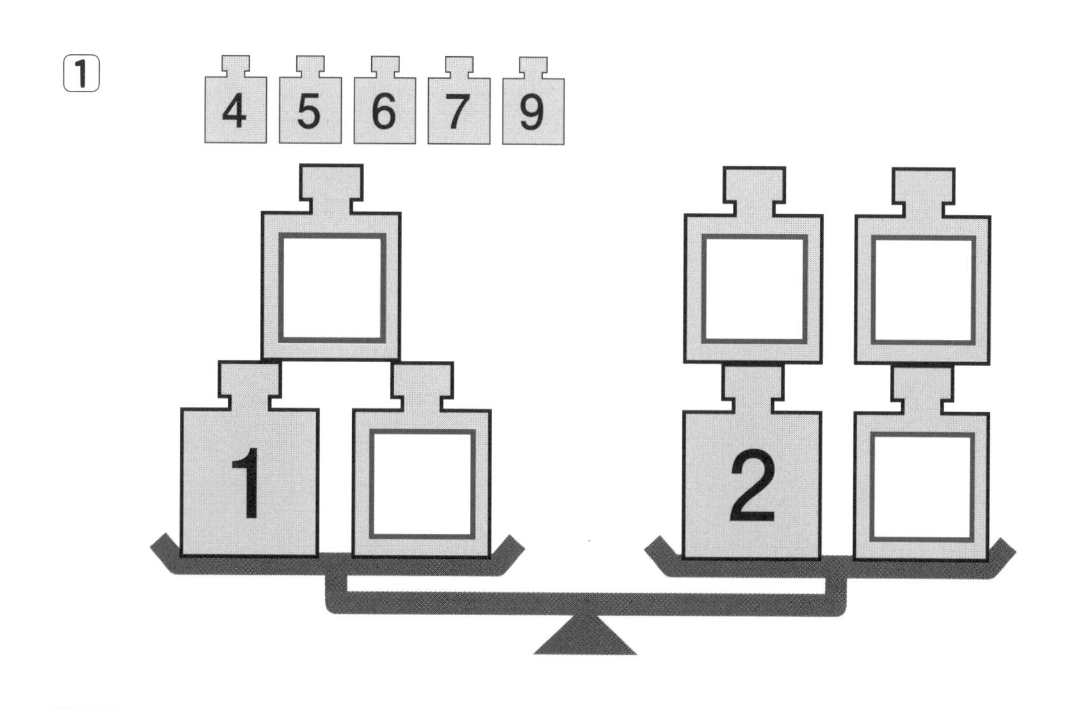

②

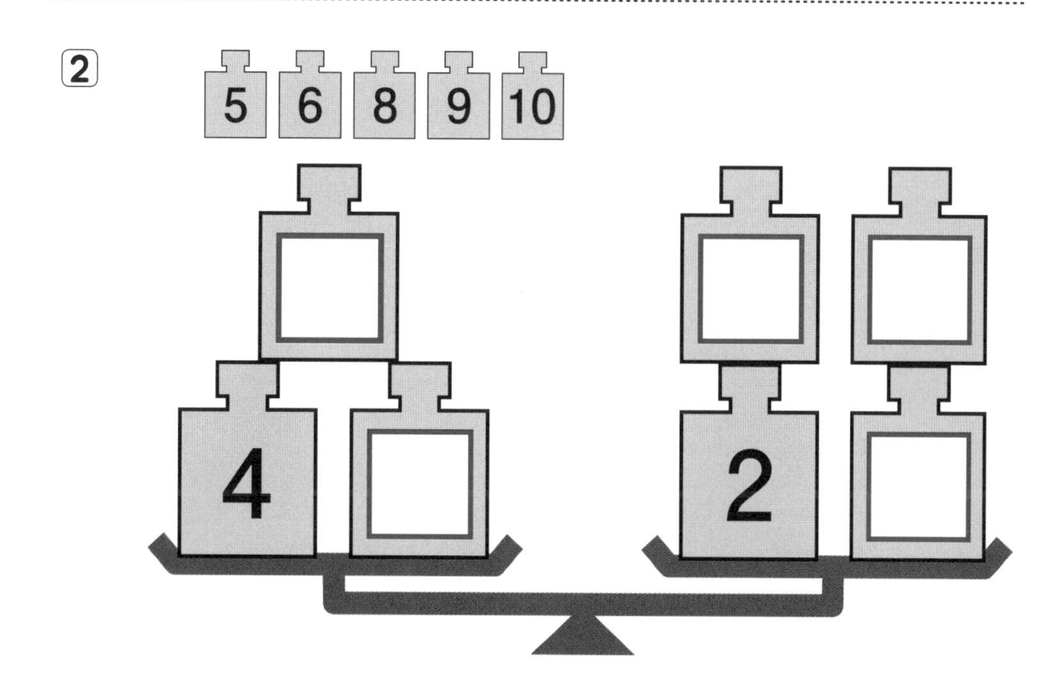

DAY 83 시간 계산

월 일 | 정답 / 12문제 | 답 138p

시계 아래의 시계를 보고 답하시오.

10시간 25분 후는

5시간 50분 전은

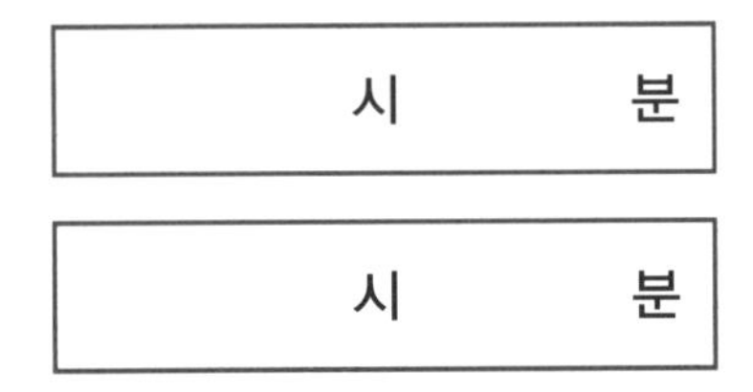

계산 시간 계산입니다. ○시간 ○분이라고 답하시오.

① 9 시간 24 분 + 6 시간 19 분 = ☐ 시간 ☐ 분

② 18 시간 42 분 + 18 시간 8 분 = ☐ 시간 ☐ 분

③ 11 시간 52 분 − 10 시간 44 분 = ☐ 시간 ☐ 분

④ 18 시간 38 분 − 11 시간 11 분 = ☐ 시간 ☐ 분

⑤ 4 시간 38 분 + 19 시간 52 분 = ☐ 시간 ☐ 분

⑥ 5 시간 4 분 − 3 시간 14 분 = ☐ 시간 ☐ 분

⑦ 11 시간 18 분 − 1 시간 25 분 = ☐ 시간 ☐ 분

⑧ 10 시간 22 분 + 17 시간 44 분 = ☐ 시간 ☐ 분

⑨ 11 시간 44 분 − 4 시간 51 분 = ☐ 시간 ☐ 분

⑩ 3 시간 25 분 + 8 시간 35 분 = ☐ 시간 ☐ 분

DAY 84 미로 계산 퍼즐

월 일 정답 / 6문제 | 답 138p

출발부터 도착까지 칸막이의 뚫려 있는 곳으로 지나가며 왼쪽 위의 숫자를 더하거나 빼서 답에 해당하는 숫자를 빈칸에 쓰면서 나아가시오.

1 덧셈

+9	+12	출발 5
+23	+4	+13
+8	+31	+7 도착

2 덧셈

+7	+29	출발 3
+14	+5	+6
+37	+46	+19 도착

3 뺄셈

-8 도착	-6	출발 128
-25	-16	-11
-17	-21	-7

4 뺄셈

-14	-9	출발 131
-23	-6 도착	-8
-33	-7	-19

5 덧셈 · 뺄셈

-26	+39	출발 11
+18	-14 도착	+24
-3	+7	-13

6 덧셈 · 뺄셈

-14	-16	출발 43
+33	+6	-9
-5 도착	+17	-24

DAY 85 숫자 그림 다른 부분 찾기

월 일 정답 / 9문제 | 답 138p

아래의 숫자 그림에는 위의 그림과 다른 부분이 있습니다.
아래 그림의 다른 부분에 ○ 표를 하시오. 다른 숫자 하나당 한 곳으로 셉니다.

다른 부분 9곳

위

집오리

아래

DAY 86 벌집 퍼즐

월 일 정답 / 6문제 | 답 138p

이웃하는 ⬡ 안의 수를 더한 수가 아래의 ⬡ 안에 들어갑니다.
⬡ 안에 맞는 수를 쓰시오.

1
9 10 8 6

〈풀이 방법〉
9+10의 답

2
5 10 7 1

3
1 4 8
26

4
5 7
9
19

5
3 11
17
61

6
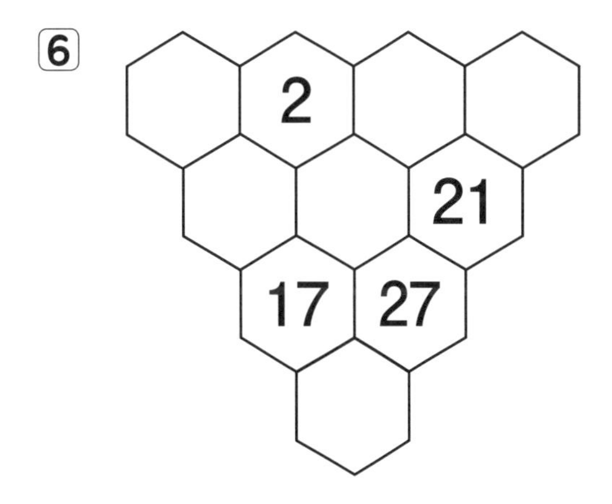

DAY 87 과일 가격 덧셈

월 일 정답 / 4문제 | 답 138p

과일 1개당 가격을 근거로 합계액을 답하시오. 메모해서 계산해도 됩니다.

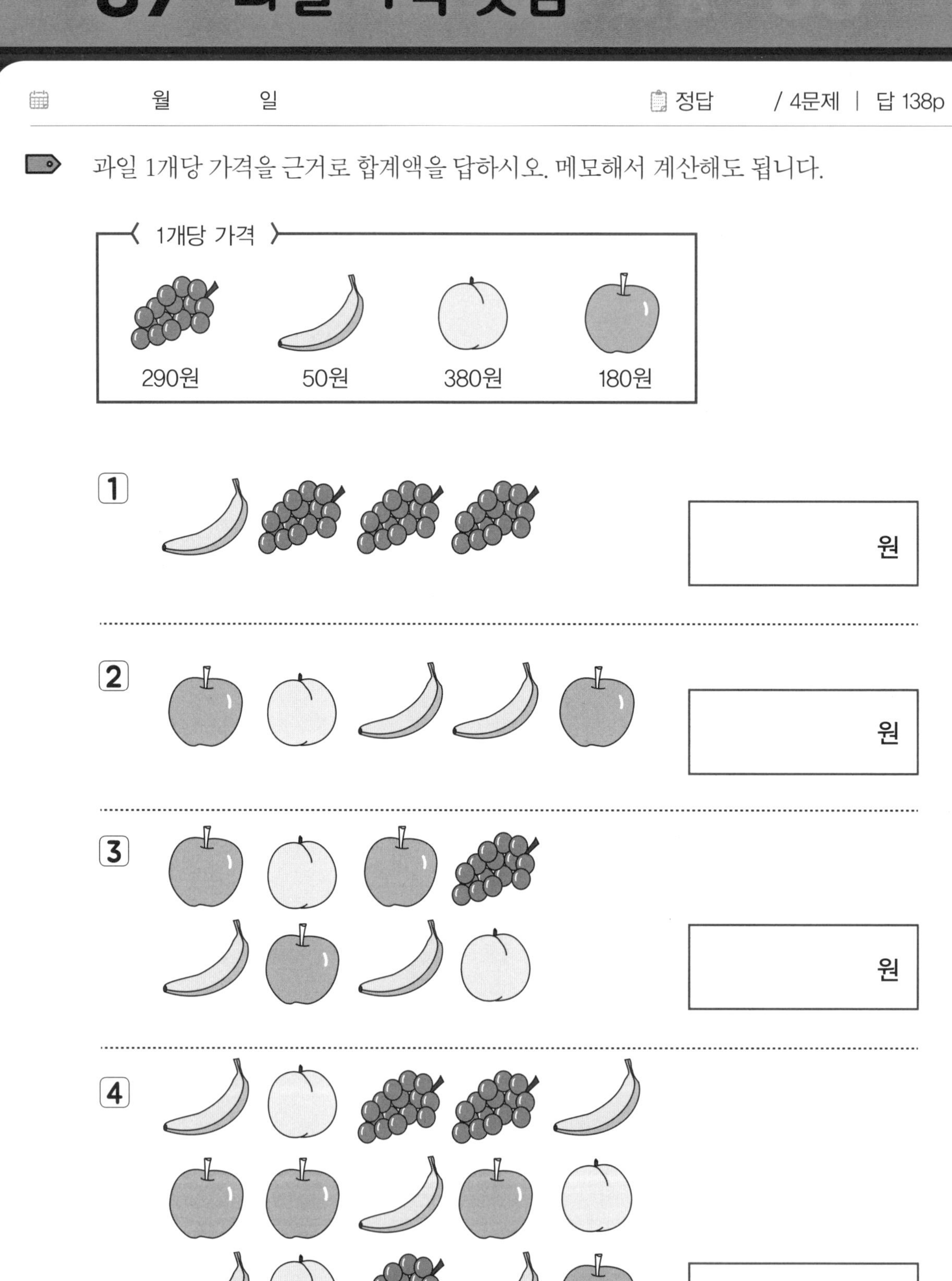

DAY 88 쌍 덧셈

월 일 정답 / 6문제 | 답 138p

두 개의 수를 더하면 110이 되는 쌍이 세 쌍 있습니다. □ 안에 답을 쓰시오.

1

87	90	11	33	24	54
25	84	45	71	75	80
12	89	92	49	19	67
13	78	15	43	27	34
81	96	41	29	40	72
14	79	16	62	66	22

□ 와 □

□ 와 □

□ 와 □

2

77	34	13	18	88	28
39	59	23	72	93	26
17	64	60	27	62	67
53	44	25	68	12	21
24	56	99	91	82	41
49	31	80	79	45	95

□ 와 □

□ 와 □

□ 와 □

DAY 89 혼합 계산

월 일 정답 / 12문제 | 답 139p

계산을 해서 답을 숫자로 쓰시오. 글자를 숫자로 써서 계산해도 됩니다.

1 열 − 여덟 =

2 열셋 + 오십 − 마흔둘 =

3 서른여섯 ÷ 구 =

4 ⚃ × 열일곱 =

5 일흔셋 + 십육 + ⚀ =

6 스물하나 + 서른여덟 − 오십팔 =

7 ⚁ × 이십육 =

8 마흔여덟 − 열아홉 =

9 열여덟 ÷ 여섯 =

10 열둘 + 이십삼 + 서른넷 =

11 삼십이 × 다섯 =

12 육십삼 − 스물일곱 − ⚂ =

DAY 90 미로 계산 퍼즐

월 일 정답 / 6문제 | 답 139p

출발부터 도착까지 칸막이의 뚫려 있는 곳으로 지나가며 왼쪽 위의 숫자를 더하거나 빼서 답에 해당하는 숫자를 빈칸에 쓰면서 나아가시오.

1 덧셈

+13 도착	+28	+5
+7	+16	+11
+9	+24	출발 15

2 덧셈

+21	+4	+46 도착
+8	+15	+6
+19	+9	출발 7

3 뺄셈

−18	−37	−3
−15	−5	−14
−8 도착	−24	출발 142

4 뺄셈

−42	−4	−13 도착
−19	−17	−25
−5	−16	출발 146

5 덧셈 · 뺄셈

−4	+29	+11
+8	−12 도착	−13
−21	+9	출발 16

6 덧셈 · 뺄셈

−11 도착	−28	+35
−27	+29	−21
−8	+13	출발 26

DAY 91 별 모양 퍼즐

월 일 정답 / 2문제 | 답 139p

예와 같이 삼각형의 꼭짓점에 있는 숫자 세 개를 더하면 한가운데의 숫자가 됩니다. 비어 있는 ○ 안에 맞는 숫자를 쓰시오.

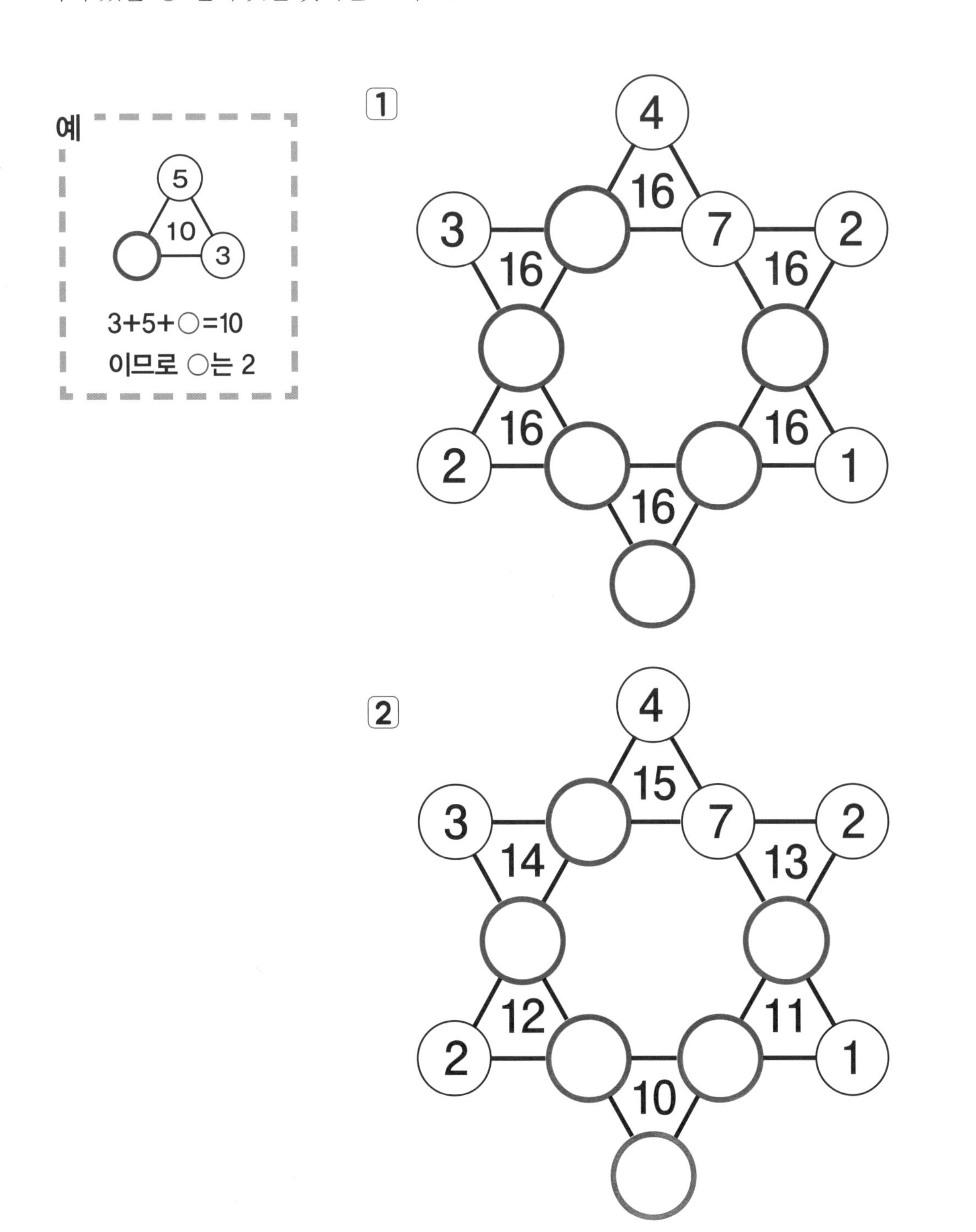

DAY 92 배수 찾기

월 일 정답 / 10문제 | 답 139p

8로 나눌 수 있는 수(8의 배수)가 다섯 개 있습니다. □ 안에 답을 쓰시오.

1

74	17	5	88	46	93
78	20	81	83	76	15
43	72	64	84	35	53
92	65	14	2	10	23
95	19	42	58	61	45
80	18	8	94	67	30

□ □ □ □ □

2

35	13	20	51	81	17
16	76	45	50	22	15
58	73	32	86	63	96
65	14	18	24	4	69
61	56	28	19	68	6
31	70	98	37	75	55

□ □ □ □ □

DAY 93 숫자 그림 다른 부분 찾기

월 일 정답 / 10문제 | 답 139p

아래의 숫자 그림에는 위의 그림과 다른 부분이 있습니다.
아래 그림의 다른 부분에 ○ 표를 하시오. 다른 숫자 하나당 한 곳으로 셉니다.

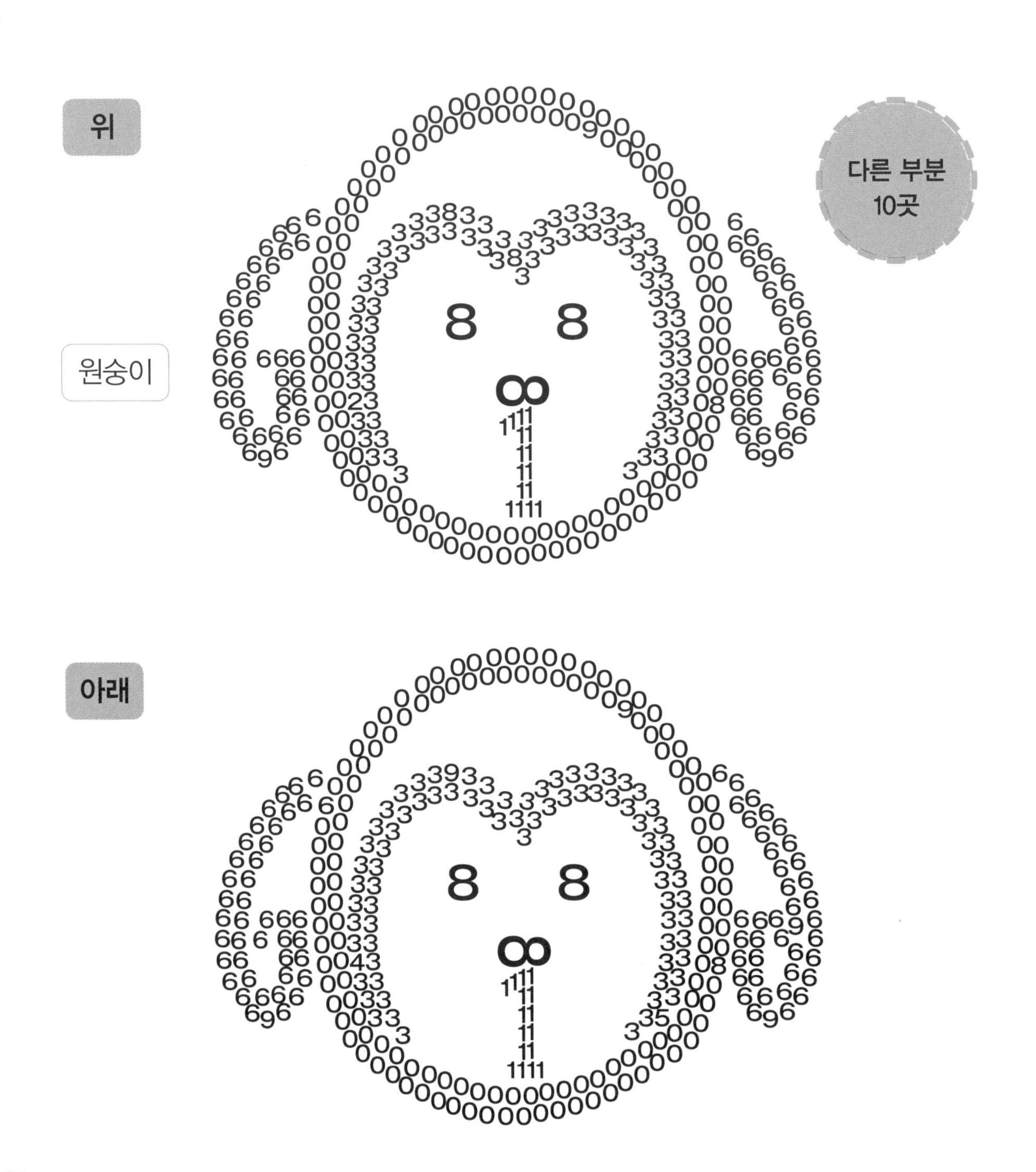

DAY 94 저울 퍼즐

월 일 정답 / 2문제 | 답 139p

추 안의 숫자는 무게를 나타냅니다. 같은 무게로 균형이 잡히도록 위에 있는 다섯 개의 추에서 맞는 숫자를 골라 □ 안에 쓰시오.

1

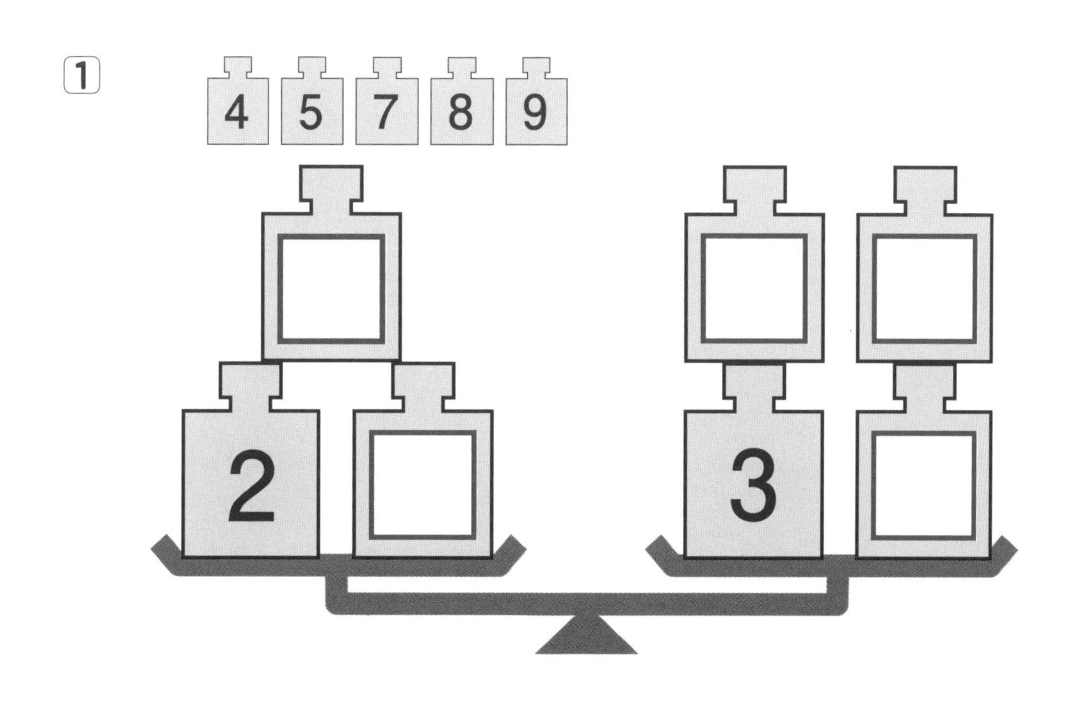

2

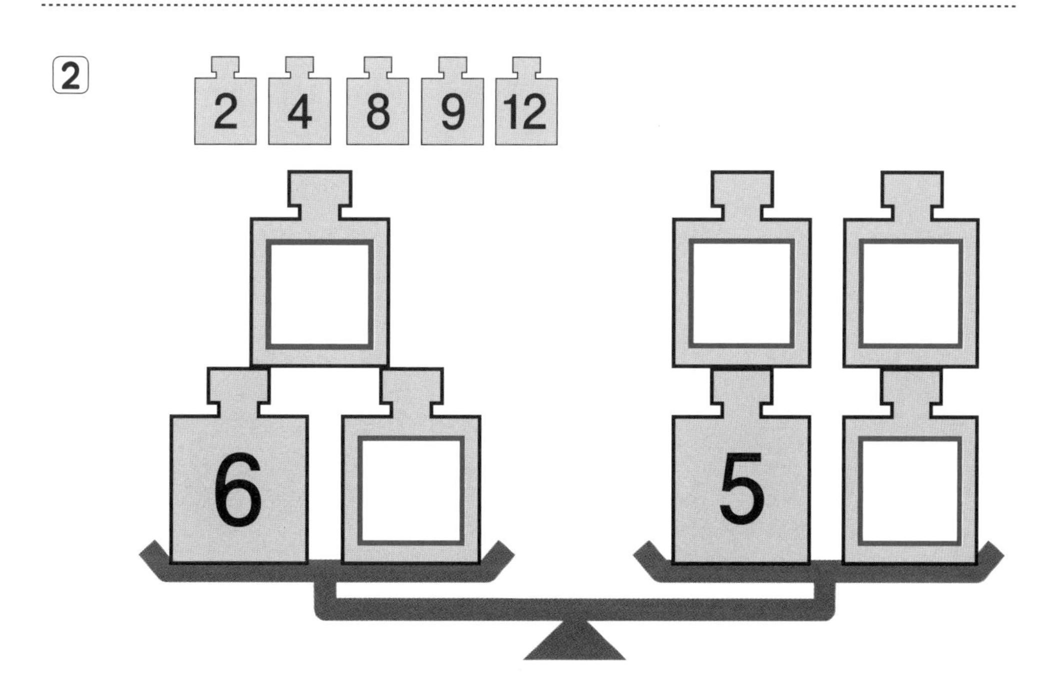

DAY 95 돈 퍼즐

월 일 정답 / 2문제 | 답 139p

그림을 보고 합계액을 □ 안에 쓰시오. 메모해서 계산해도 됩니다.

1

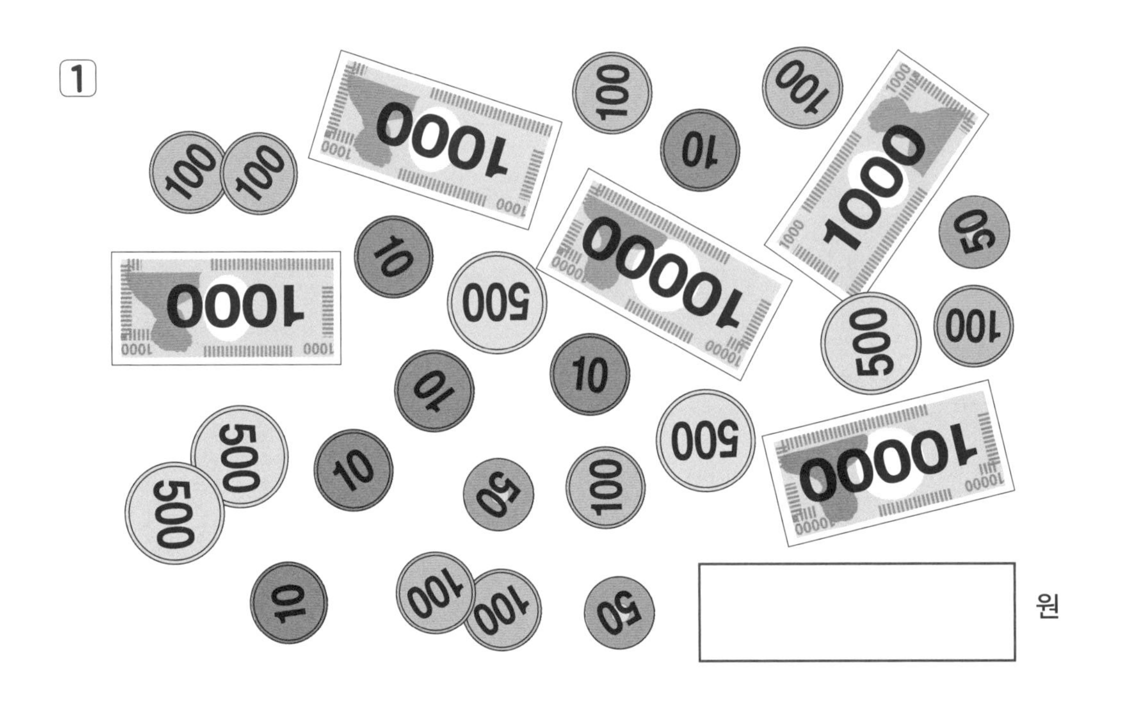

원

2

원

DAY 96 달력

월 일 | 정답 / 6문제 | 답 139p

달력을 보고 질문에 답하시오.

9 月						
日	月	火	水	木	金	土
1	2	3	4	5	6	7
8	9	10	11	12	13	14
15	16	17	18	19	20	21
22	23	24	○25	26	27	28
29	30					

10 月						
日	月	火	水	木	金	土
		1	2	3	4	5
6	7	8	□9	10	11	12
13	14	15	16	17	18	19
20	21	22	23	24	25	26
27	28	29	30	31		

1 □의 날은 ○의 날로부터 며칠 후인가? 일 후

2 9월 20일과 □의 날 사이에는 며칠이 있는가?
(9월 20일과 □의 날은 날수에 들어가지 않는다). 일

3 9월 2일과 10월 29일 사이에는 며칠이 있는가?
(9월 2일과 10월 29일은 날수에 들어가지 않는다). 일

4 月						
日	月	火	水	木	金	土
	1	2	3	4	5	6
7	8	9	10	11	12	13
14	15	16	17	□18	19	20
21	22	23	24	25	26	27
28	29	30				

4 □의 날로부터 3주일 후는 몇 월 며칠인가? 월 일

5 5일 20일은 □의 날로부터 며칠 후인가? 일 후

6 다음 달의 두 번째 월요일은 몇 월 며칠인가? 월 일

DAY 97 시간 계산

월 일 　 정답 / 12문제 | 답 140p

시계 아래의 시계를 보고 답하시오.

4시간 25분 후는 [시 분]

3시간 15분 전은 [시 분]

계산 시간의 덧셈, 뺄셈입니다. ○시간 ○분이라고 답하시오.

1. 3 시간 21 분 + 6 시간 33 분 = [시간 분]
2. 1 시간 31 분 + 6 시간 25 분 = [시간 분]
3. 6 시간 12 분 − 2 시간 11 분 = [시간 분]
4. 14 시간 32 분 − 9 시간 14 분 = [시간 분]
5. 16 시간 33 분 + 11 시간 35 분 = [시간 분]
6. 12 시간 7 분 − 5 시간 22 분 = [시간 분]
7. 7 시간 49 분 − 3 시간 55 분 = [시간 분]
8. 3 시간 24 분 + 19 시간 43 분 = [시간 분]
9. 10 시간 11 분 − 3 시간 54 분 = [시간 분]
10. 10 시간 58 분 + 18 시간 43 분 = [시간 분]

DAY 98 벌집 퍼즐

월 일 정답 / 6문제 | 답 140p

이웃하는 ⬡ 안의 수를 더한 수가 아래의 ⬡ 안에 들어갑니다.
⬡ 안에 맞는 수를 쓰시오.

1
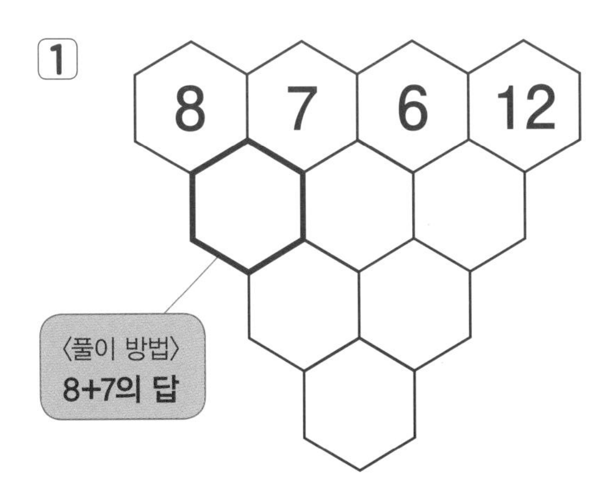

2
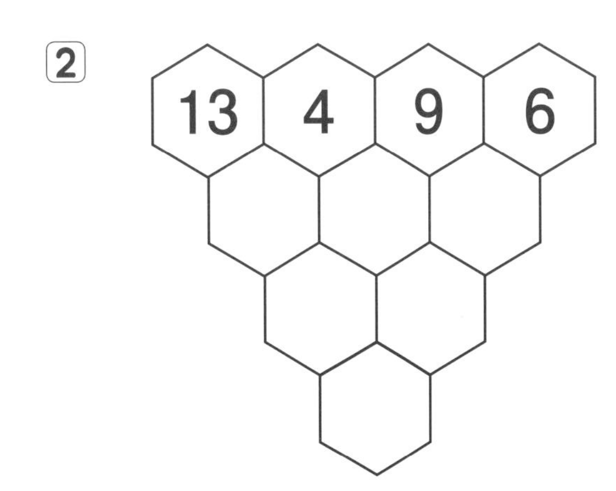

3
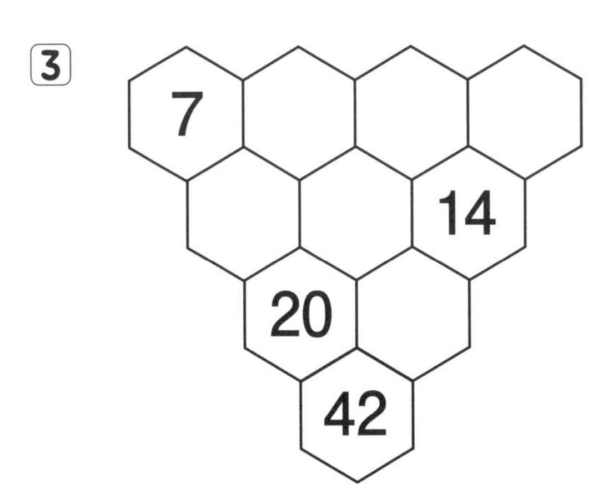

4
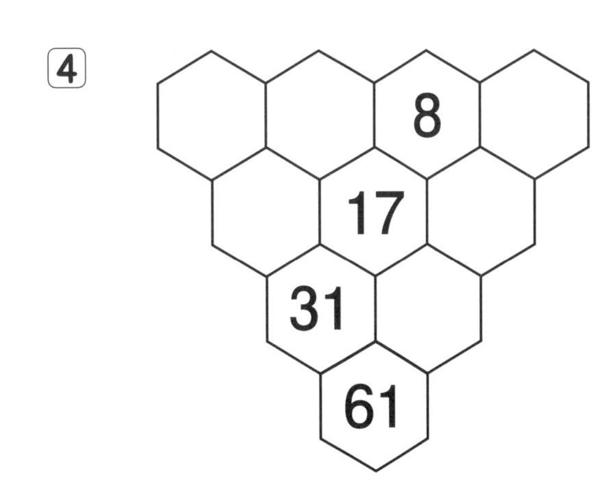

5
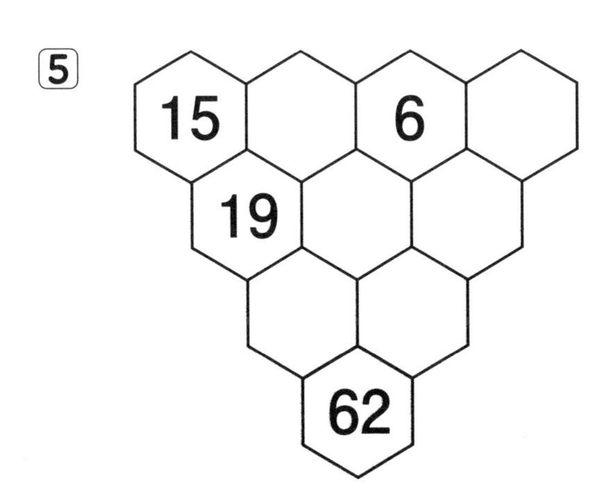

6
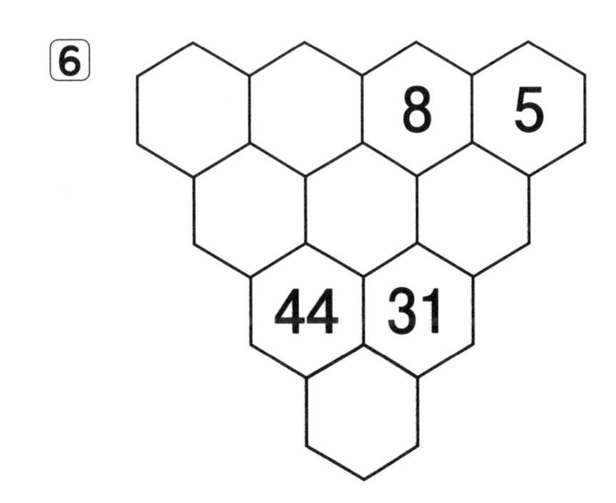

DAY 99 쌍 덧셈

월 일 정답 / 6문제 | 답 140p

두 개의 수를 더하면 110이 되는 쌍이 세 쌍 있습니다. □ 안에 답을 쓰시오.

1

39	63	96	25	11	41
64	19	82	42	17	32
26	76	36	78	97	62
99	10	86	22	77	44
18	47	75	81	90	61
15	30	70	23	16	50

□ 와 □

□ 와 □

□ 와 □

2

53	46	24	75	72	69
98	56	22	54	45	49
94	32	10	27	58	43
92	44	23	20	63	81
40	71	88	42	76	48
91	28	41	85	84	33

□ 와 □

□ 와 □

□ 와 □

DAY 100 혼합 계산

월 일 정답 / 12문제 | 답 140p

계산을 해서 답을 숫자로 쓰시오. 글자를 숫자로 써서 계산해도 됩니다.

1. 아홉 + 십삼 = ☐
2. 이십사 × 다섯 = ☐
3. 스물다섯 + ⚂ − 스물둘 = ☐
4. 열둘 + 칠십일 + 스물셋 = ☐
5. 스물아홉 × 넷 = ☐
6. 오십육 − 열여섯 = ☐
7. 일흔넷 + ⚀ − 예순둘 = ☐
8. 서른셋 ÷ 열하나 = ☐
9. 서른하나 − 십구 = ☐
10. 예순넷 − 마흔다섯 + ⚁ = ☐
11. 스물여덟 ÷ 칠 = ☐
12. 열넷 + 마흔넷 + 육십일 = ☐

DAY 101 미로 계산 퍼즐

월 일 정답 / 6문제 | 답 140p

출발부터 도착까지 칸막이의 뚫려 있는 곳으로 지나가며 왼쪽 위의 숫자를 더하거나 빼서 답에 해당하는 숫자를 빈칸에 쓰면서 나아가시오.

1 덧셈

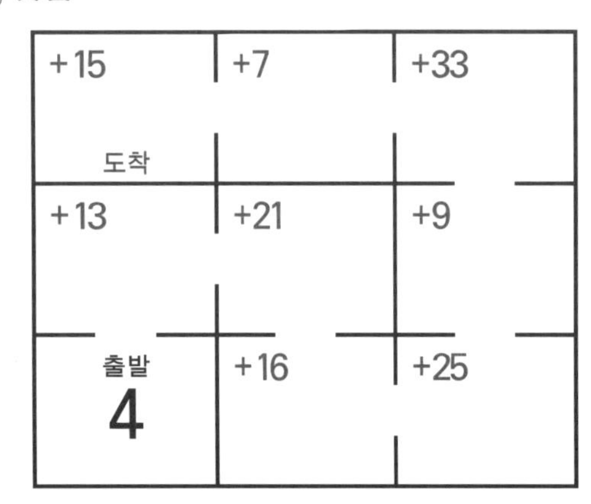

2 덧셈

+47	+11	+6
+4	+12 도착	+17
출발 6	+8	+28

3 뺄셈

−16	−25	−19 도착
−8	−7	−14
출발 140	−3	−37

4 뺄셈

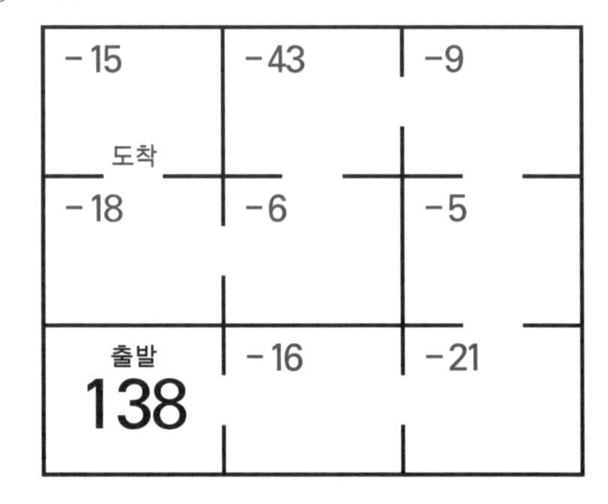

5 덧셈 · 뺄셈

+16	−12	+21
−9	−27	+41
출발 17	+34	−8 도착

6 덧셈 · 뺄셈

−19	+24	−55
+16	−33 도착	+8
출발 75	+9	−13

DAY 102 별 모양 퍼즐

월 일 정답 / 2문제 | 답 140p

예와 같이 삼각형의 꼭짓점에 있는 숫자 세 개를 더하면 한가운데의 숫자가 됩니다. 비어 있는 ○ 안에 맞는 숫자를 쓰시오.

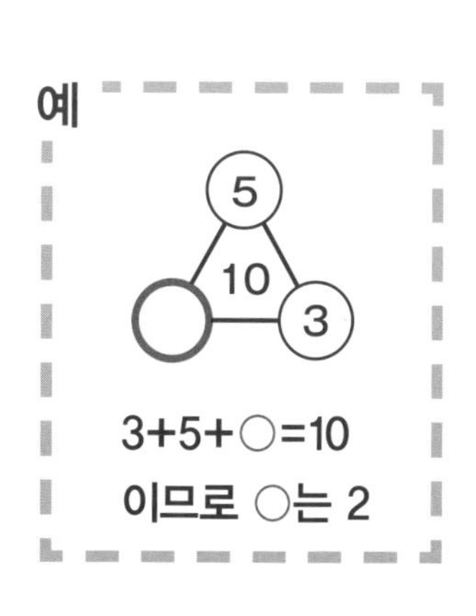

1

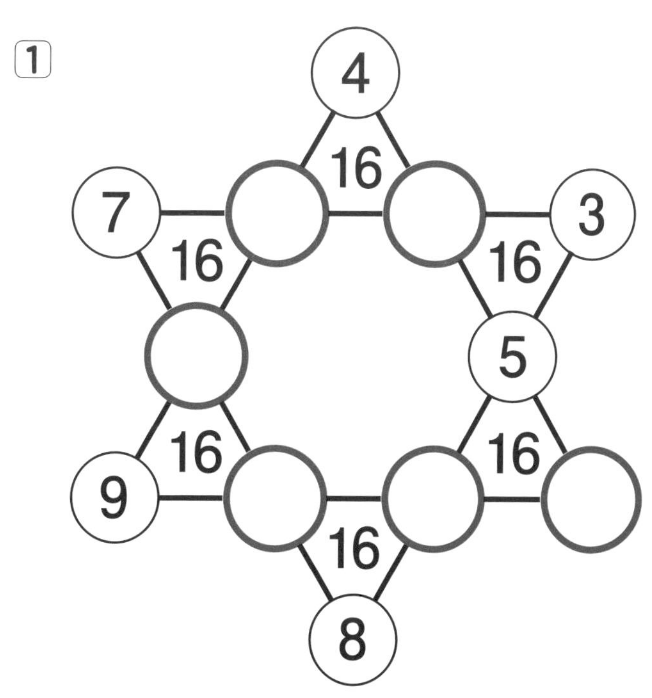

2

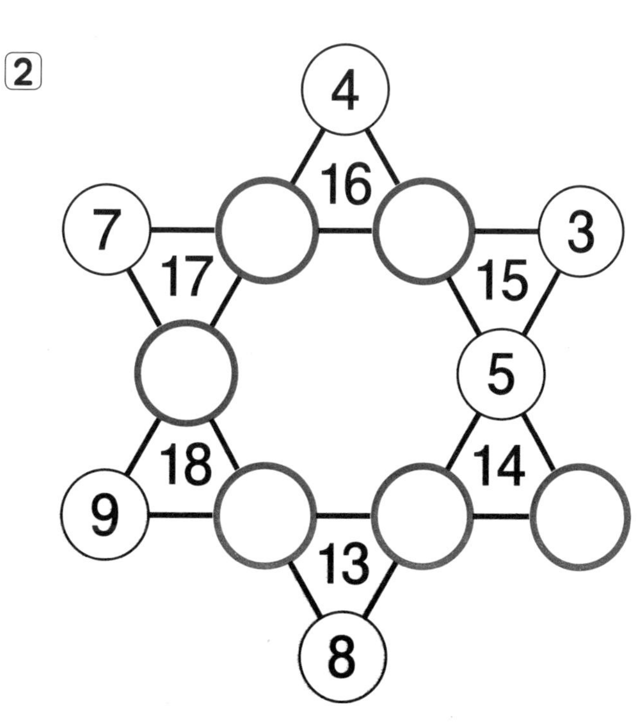

DAY 103 숫자 그림 다른 부분 찾기

월 일 | 정답 / 10문제 | 답 140p

아래의 숫자 그림에는 위의 그림과 다른 부분이 있습니다.
아래 그림의 다른 부분에 ○ 표를 하시오. 다른 숫자 하나당 한 곳으로 셉니다.

위

다른 부분 10곳

아래

마방진 ※풀이 방법은 11페이지 참조

월 일 | 정답 / 6문제 | 답 140p

가로 · 세로 · 대각선으로 더한 수의 합계가 각각 27이 되도록 □ 안에 맞는 수를 쓰시오.

①

□	□	□
8	9	□
7	□	6

②

□	□	□
□	9	11
12	5	□

③

□	□	4
3	9	□
□	5	□

④

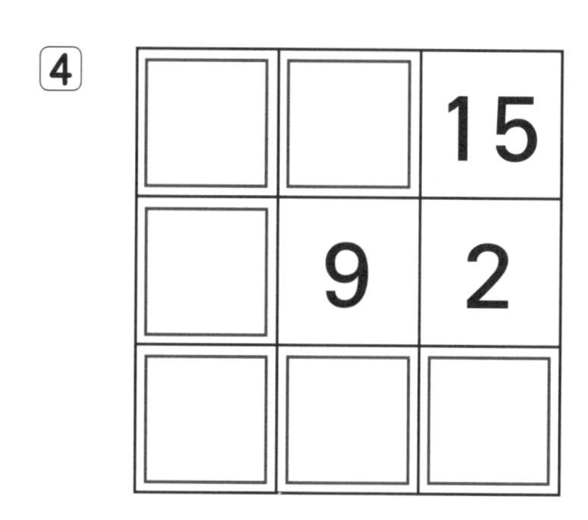

⑤

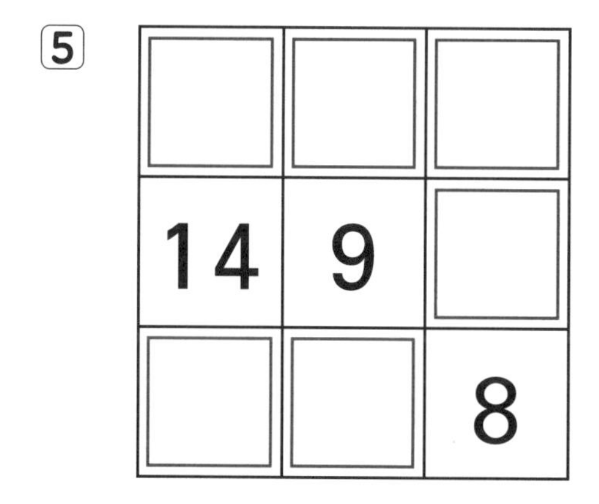

⑥

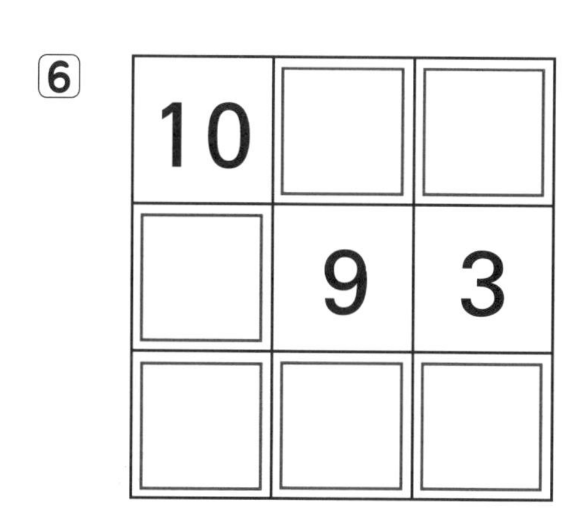

DAY 105 주판 계산 퍼즐 ※주판 보는 법은 12페이지 참조

월 일 정답 / 9문제 | 답 141p

주판 그림을 보고 계산한 답을 숫자로 쓰시오. 숫자를 메모하여 계산해도 됩니다.

1 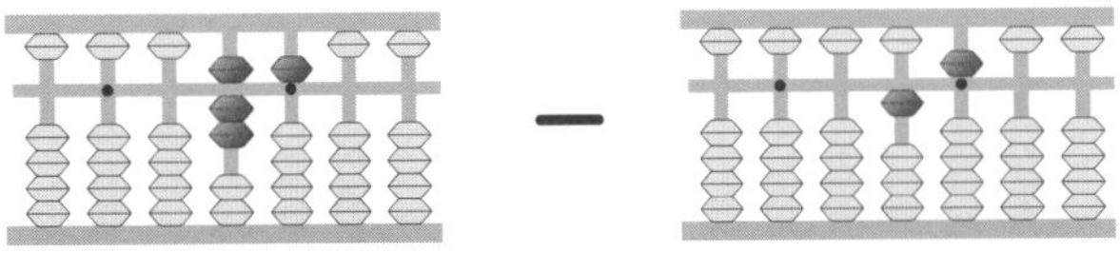 − =

2 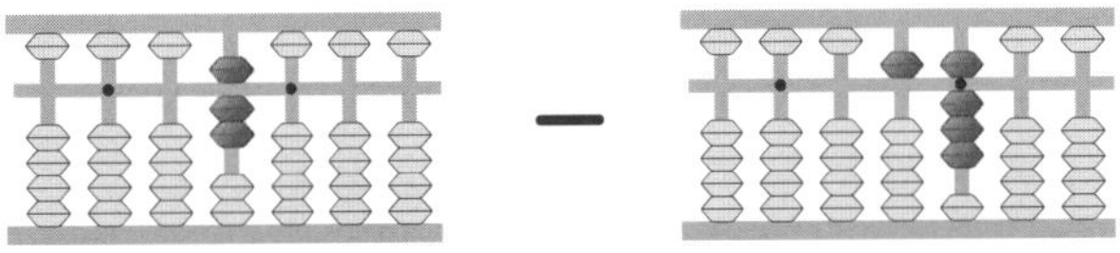 − =

3 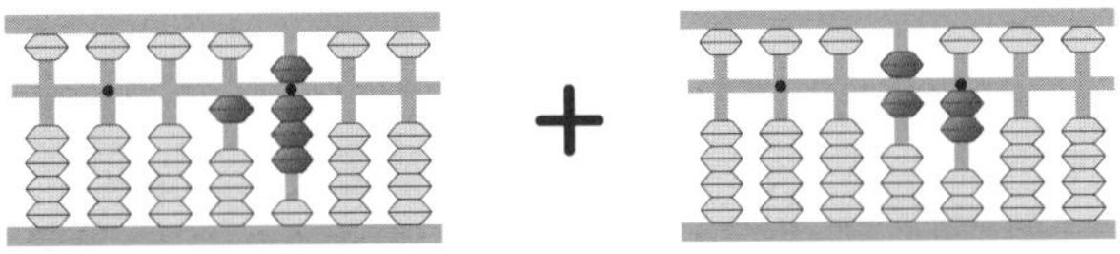 + =

4 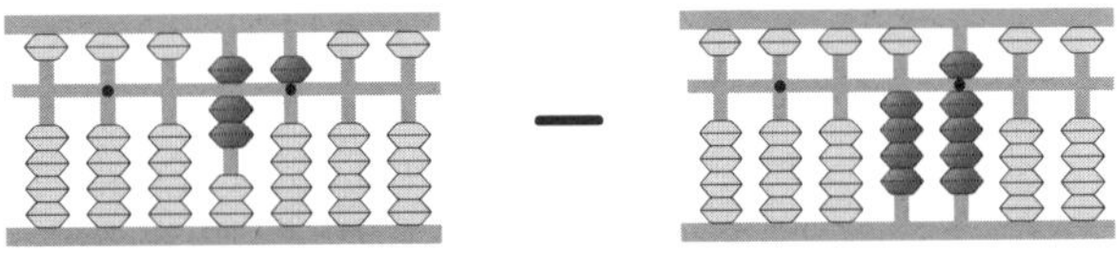 − =

5 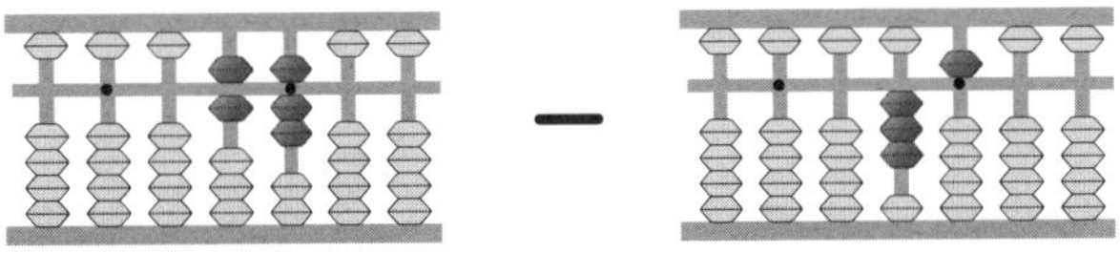 − =

6 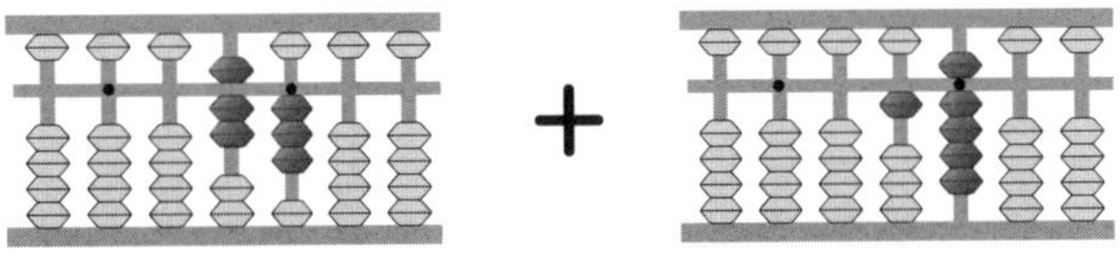 + =

7 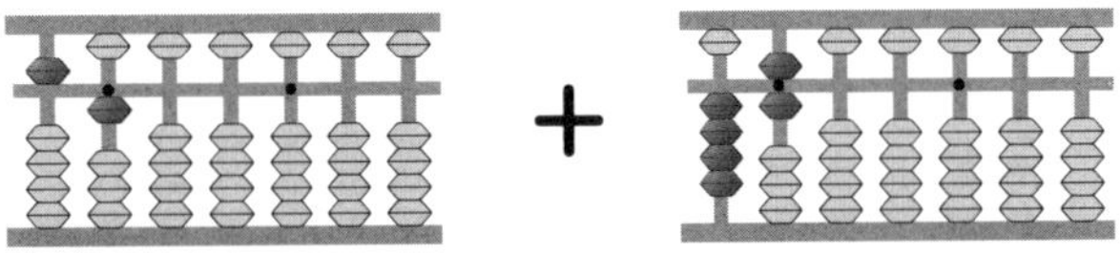 + =

8 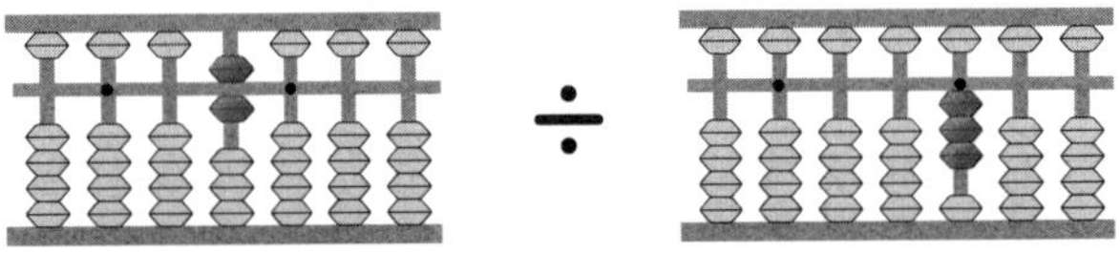 ÷ =

9  × =

DAY 106 저울 퍼즐

월 일 정답 / 2문제 | 답 141p

추 안의 숫자는 무게를 나타냅니다. 같은 무게로 균형이 잡히도록 위에 있는 추에서 맞는 숫자를 골라 □ 안에 쓰시오.

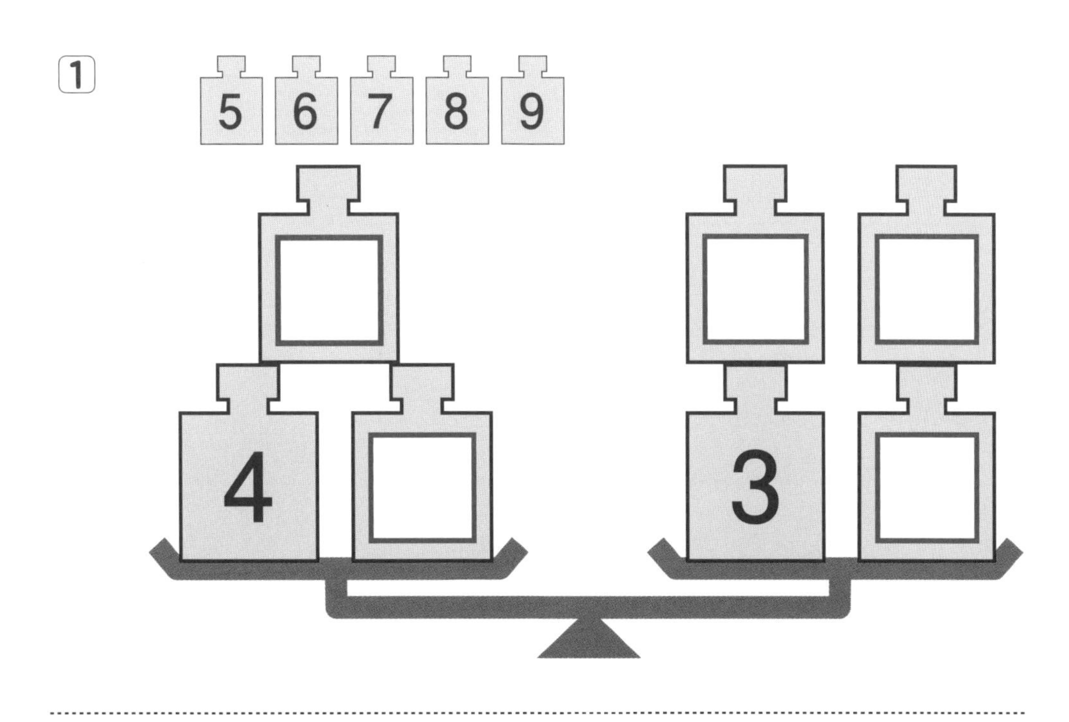

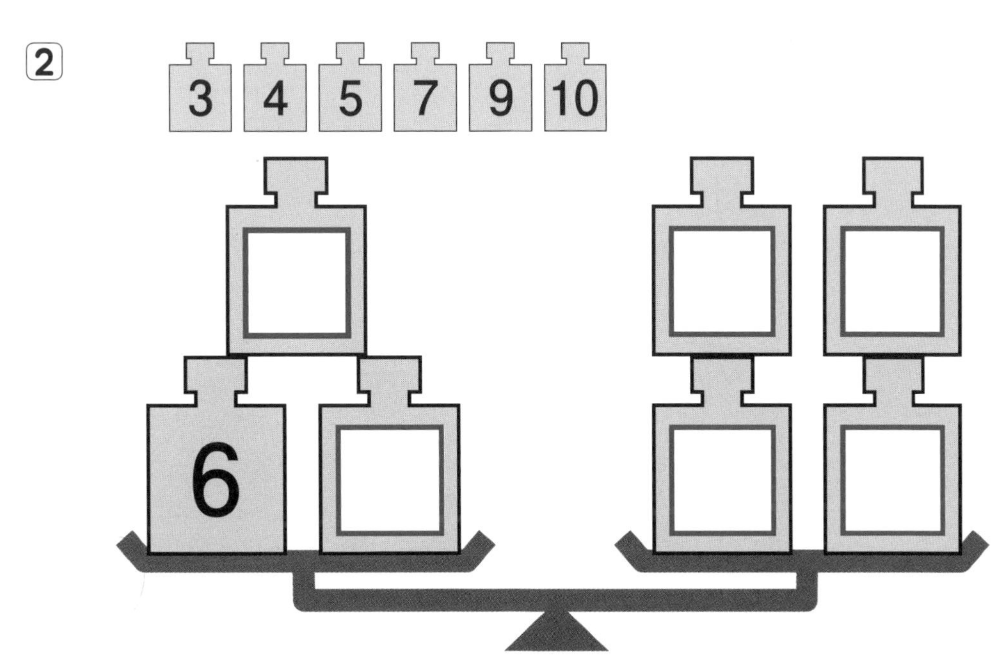

DAY 107 문구류 가격 덧셈

월 일 정답 / 4문제 | 답 141p

문구류 1개당 가격을 근거로 합계액을 답하시오. 메모해서 계산해도 됩니다.

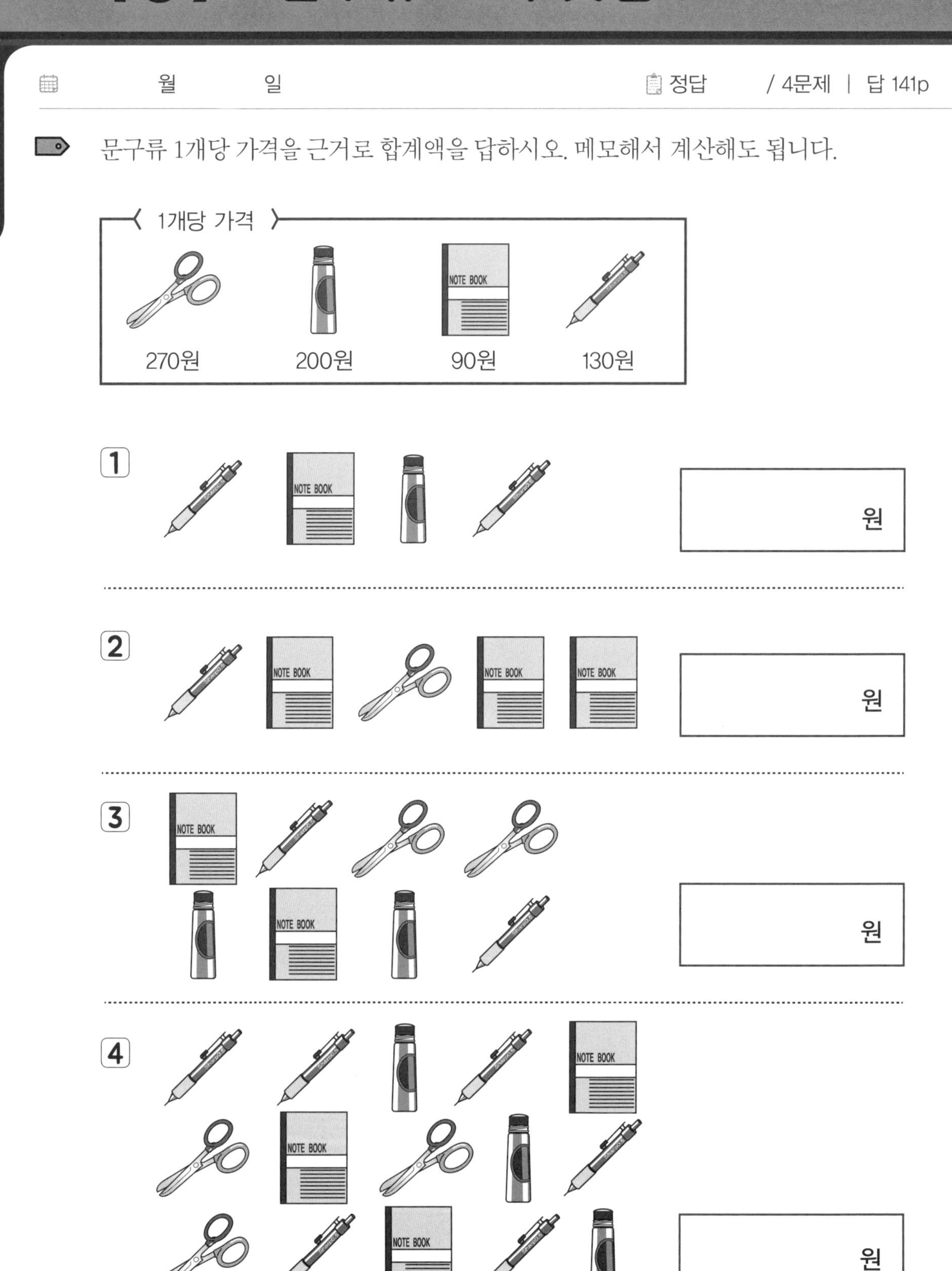

DAY 108 벌집 퍼즐

월 일 　　 정답 　 / 6문제 | 답 141p

이웃하는 ⬡ 안의 수를 더한 수가 아래의 ⬡ 안에 들어갑니다.
⬡ 안에 맞는 수를 쓰시오.

1
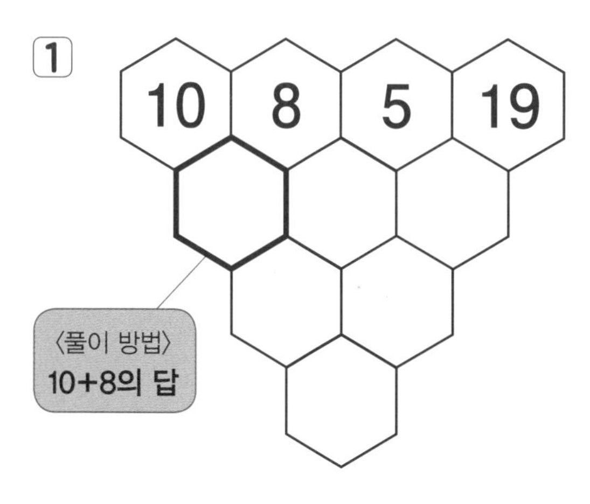

2
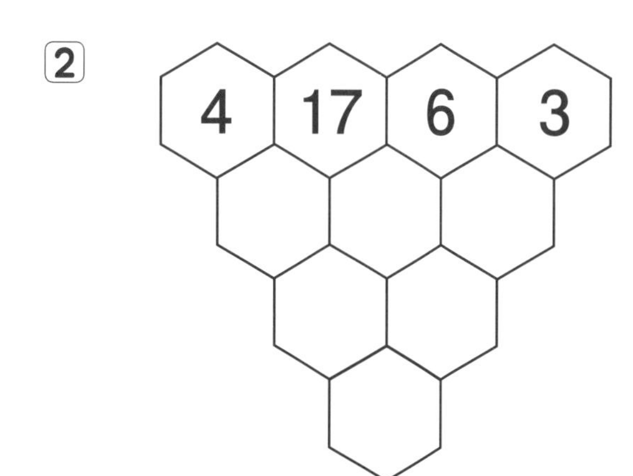

3
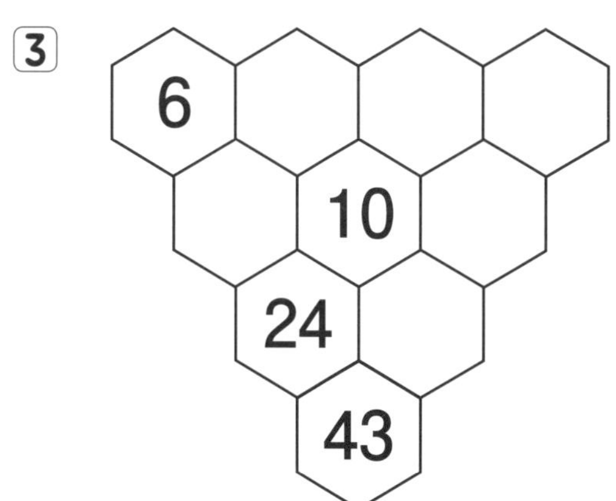

4
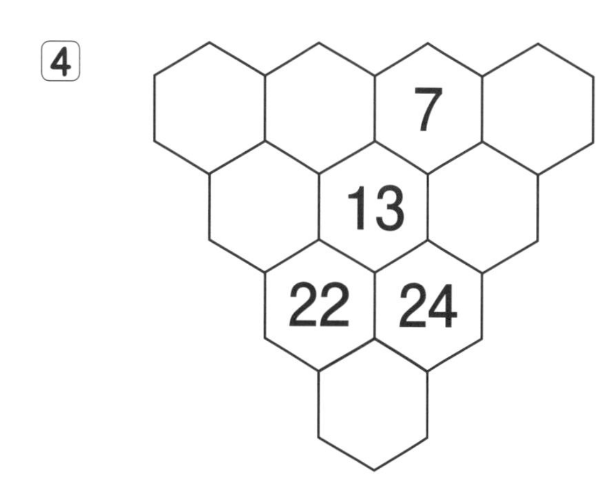

5
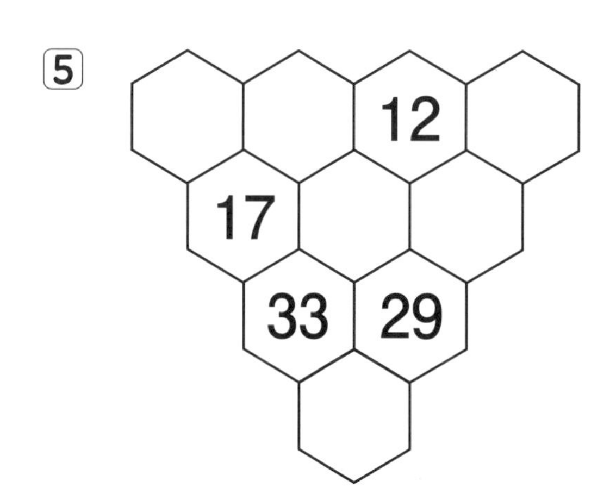

6
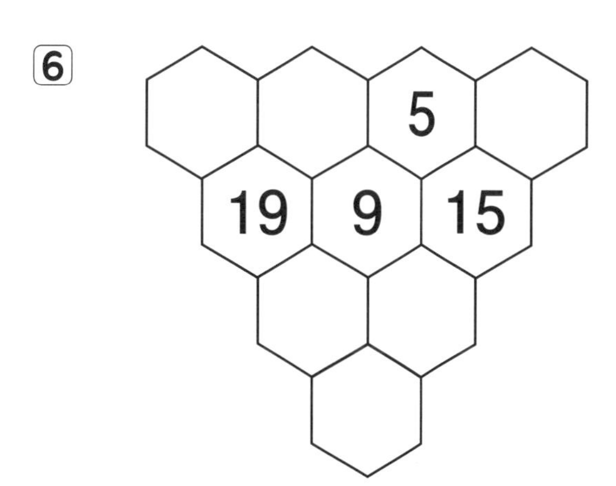

DAY 109 시간 계산

월 일 정답 / 12문제 | 답 141p

시계 아래의 시계를 보고 답하시오.

1시간 15분 후는

3시간 35분 전은

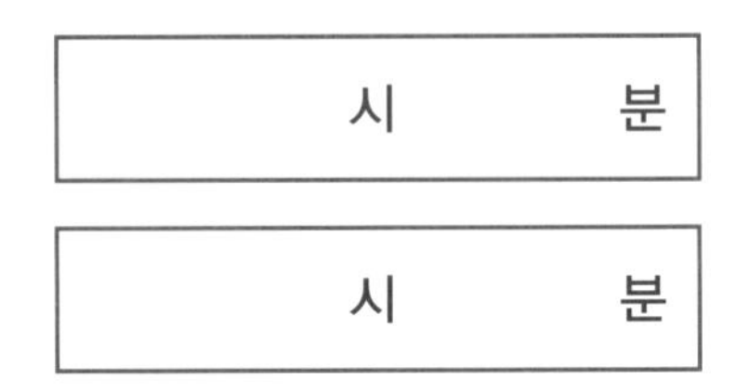

계산 시간 계산입니다. ○시간 ○분이라고 답하시오.

1

	9 시간	10 분
+	8 시간	45 분
	시간	분

2

	14 시간	15 분
+	5 시간	20 분
	시간	분

3

	17 시간	29 분
−	13 시간	11 분
	시간	분

4

	16 시간	27 분
−	14 시간	18 분
	시간	분

5

	19 시간	20 분
+	5 시간	42 분
	시간	분

6

	16 시간	16 분
−	3 시간	24 분
	시간	분

7

	14 시간	9 분
−	6 시간	47 분
	시간	분

8

	2 시간	58 분
+	11 시간	45 분
	시간	분

9

	15 시간	32 분
−	4 시간	55 분
	시간	분

10

	7 시간	2 분
+	16 시간	59 분
	시간	분

DAY 110 쌍 덧셈

월 일 정답 / 6문제 | 답 141p

두 개의 수를 더하면 120이 되는 쌍이 세 쌍 있습니다. □ 안에 답을 쓰시오.

①

68	57	89	10	66	94
49	62	33	69	32	38
12	59	77	82	48	86
58	95	45	70	83	67
85	22	15	55	39	53
93	42	47	84	16	24

□와 □

□와 □

□와 □

②

91	43	47	61	28	34
26	68	16	15	93	75
38	97	72	32	95	24
45	85	21	48	88	54
31	98	33	19	55	44
83	58	67	74	57	64

□와 □

□와 □

□와 □

DAY 111 미로 계산 퍼즐

월 일 정답 / 6문제 | 답 141p

출발부터 도착까지 칸막이의 뚫려 있는 곳으로 지나가며 왼쪽 위의 숫자를 더하거나 빼서 답에 해당하는 숫자를 빈칸에 쓰면서 나아가시오.

1 덧셈

출발 15	+7	+43
+19	+8	+15
+24	+33	+29 도착

2 덧셈

출발 16	+51	+14
+23	+21 도착	+17
+16	+3	+5

3 뺄셈

출발 150	-11	-5 도착
-14	-7	-22
-19	-41	-9

4 뺄셈

출발 179	-49	-32 도착
-16	-26	-18
-4	-8	-13

5 덧셈 · 뺄셈

출발 21	+37	-49
+8	-15	+18
-19 도착	-11	+24

6 덧셈 · 뺄셈

출발 17	+7	-28
+44	-19 도착	+16
+59	-35	-27

DAY 112 혼합 계산

월 일 정답 / 12문제 | 답 141p

계산을 해서 답을 숫자로 쓰시오. 글자를 숫자로 써서 계산해도 됩니다.

1. 십육 × ⚁ =
2. 스물셋 + 사십삼 + 서른넷 =
3. 육십사 ÷ 여덟 =
4. 칠십일 + 아홉 − 열아홉 =
5. 아흔하나 − 열여덟 − ⚃ =
6. 백오 ÷ 스물하나 =
7. 일흔셋 − 스물일곱 =
8. 열일곱 + 칠십칠 − 예순다섯 =
9. 예순하나 − ⚀ + 사십칠 =
10. 마흔하나 + 십삼 + 다섯 =
11. ⚂ × 서른일곱 =
12. 서른여섯 − 육 =

DAY 113 돈 퍼즐

월 일 정답 / 2문제 | 답 142p

그림을 보고 합계액을 □ 안에 쓰시오. 메모해서 계산해도 됩니다.

1

□ 원

2

□ 원

별 모양 퍼즐

월 일 정답 / 2문제 | 답 142p

예와 같이 삼각형의 꼭짓점에 있는 숫자 세 개를 더하면 한가운데의 숫자가 됩니다. 비어 있는 ○ 안에 맞는 숫자를 쓰시오.

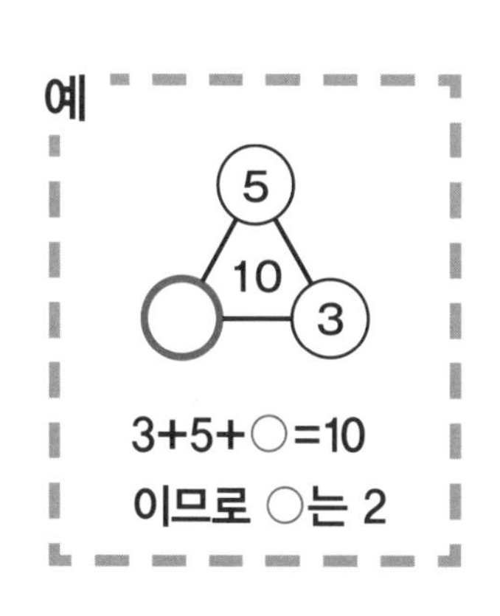

1

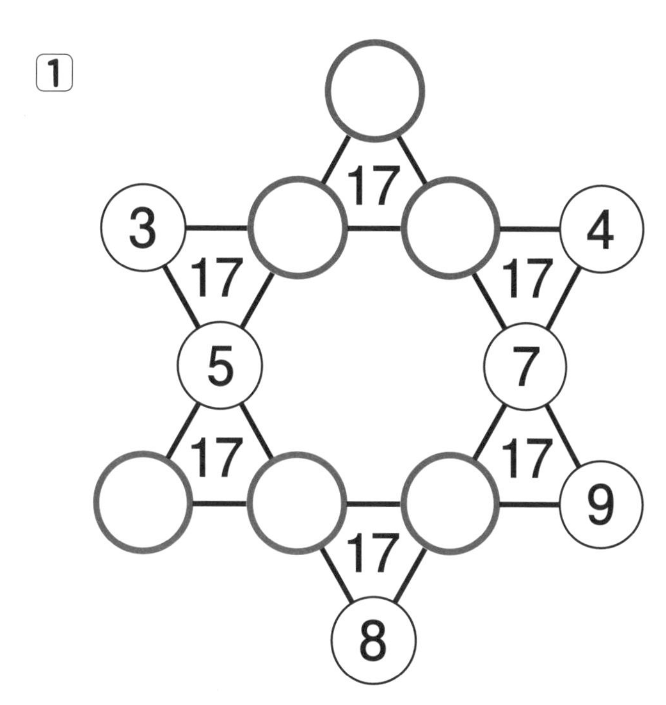

2

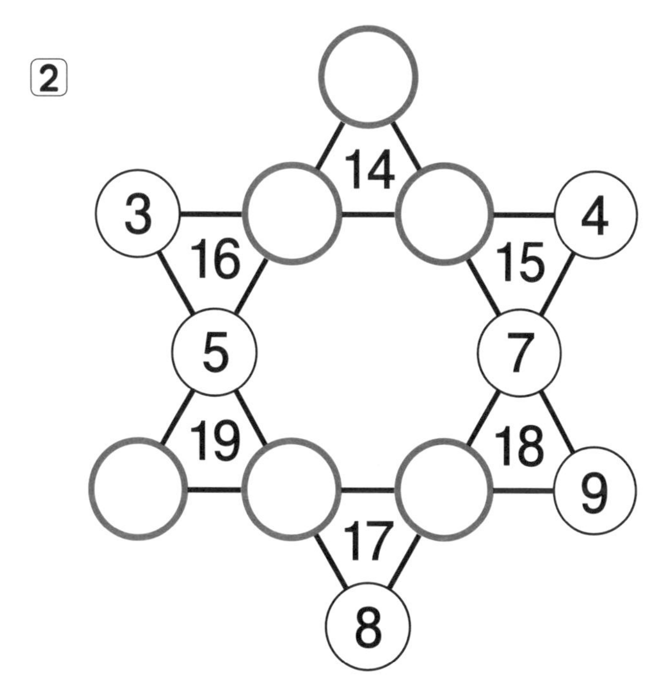

DAY 115 주판 계산 퍼즐 ※주판 보는 법은 12페이지 지 참조

월 일 정답 / 9문제 | 답 142p

주판 그림을 보고 계산한 답을 숫자로 쓰시오. 숫자를 메모하여 계산해도 됩니다.

1 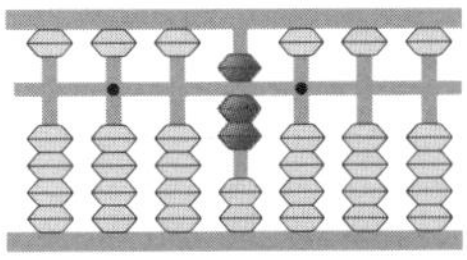 − 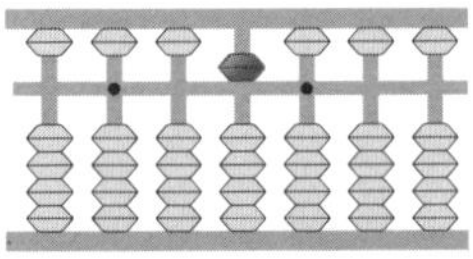 =

2 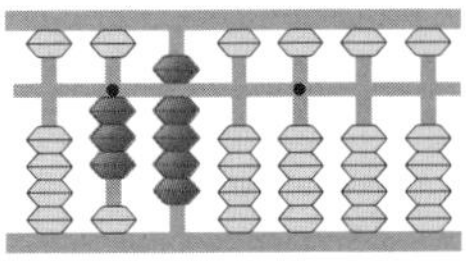 + 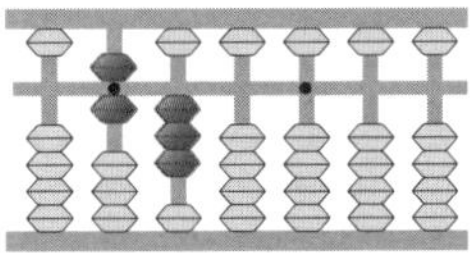 =

3 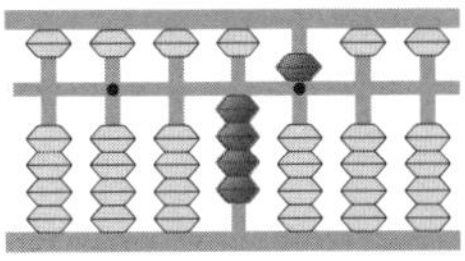 − 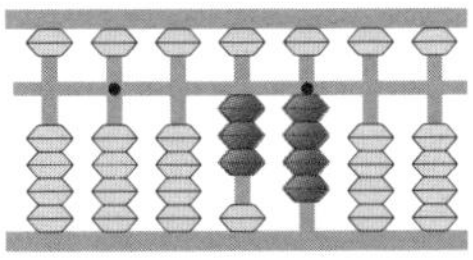 =

4 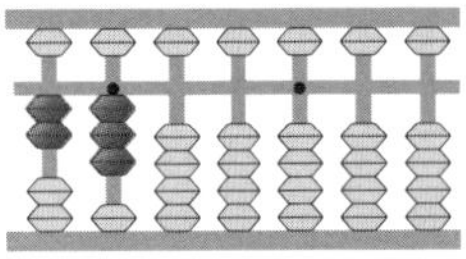 + 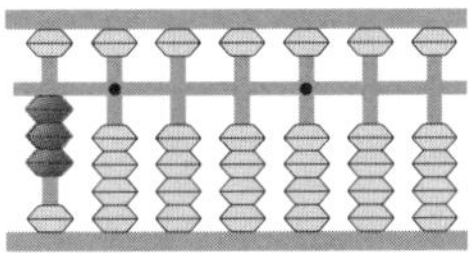 =

5 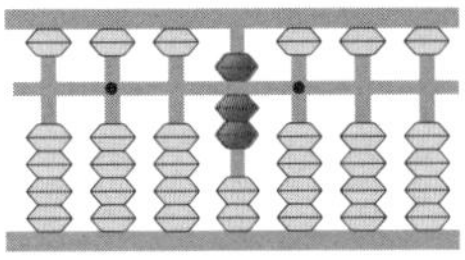 + 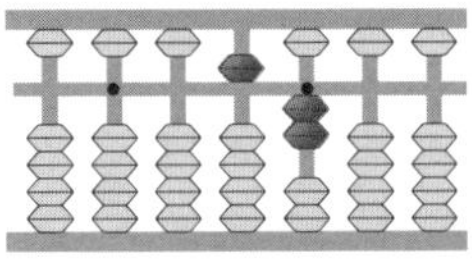 =

6 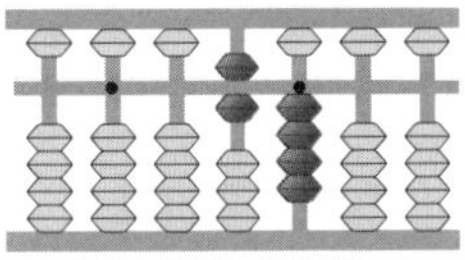 + 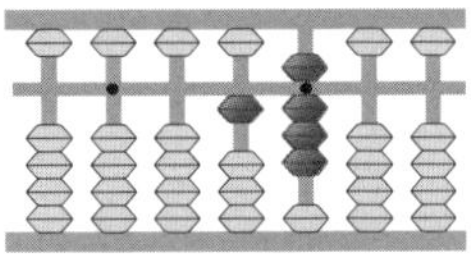 =

7 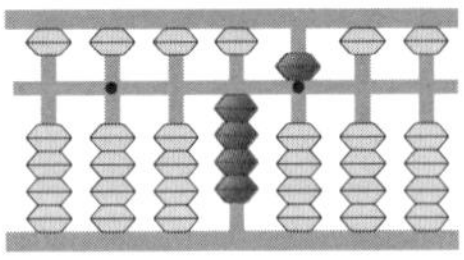 × 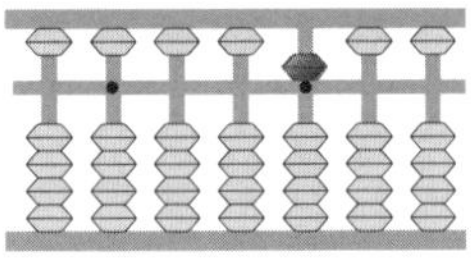 =

8 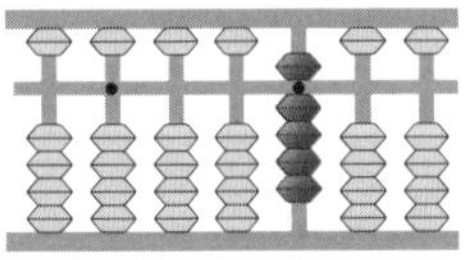 × 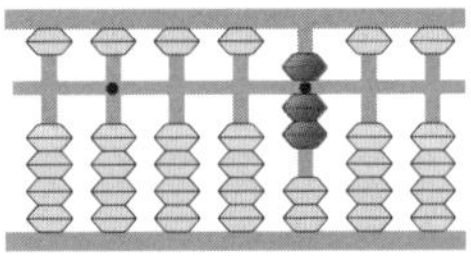 =

9 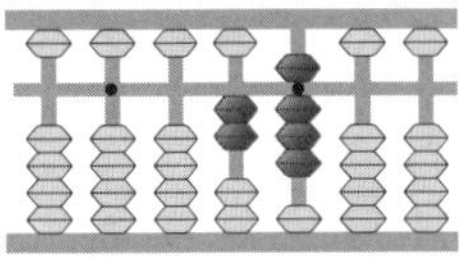 ÷ 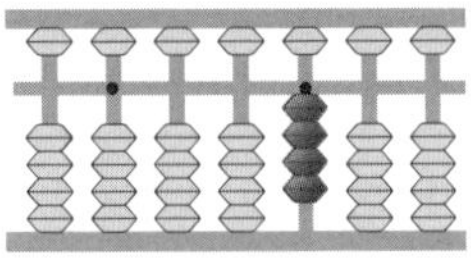 =

DAY 116 배수 찾기

월 일 　　　　정답 / 10문제 | 답 142p

9로 나눌 수 있는 수(9의 배수)가 다섯 개 있습니다. □ 안에 답을 쓰시오.

1

33	52	67	86	98	72
20	6	73	90	42	69
64	53	22	84	1	89
75	68	79	60	38	88
74	54	96	59	45	7
71	3	56	62	5	99

2

51	8	37	15	97	5
11	85	64	86	39	73
14	63	65	7	12	33
79	74	18	27	66	81
75	77	46	91	84	10
36	55	34	58	78	13

DAY 117 벌집 퍼즐

월 일 정답 / 6문제 | 답 142p

이웃하는 ⬡ 안의 수를 더한 수가 아래의 ⬡ 안에 들어갑니다.
⬡ 안에 맞는 수를 쓰시오.

1

3 13 2 7

〈풀이 방법〉
3+13의 답

2

17 6 4 9

3

1 3 8

24

4

3 7

16

57

5

11

18 16

66

6

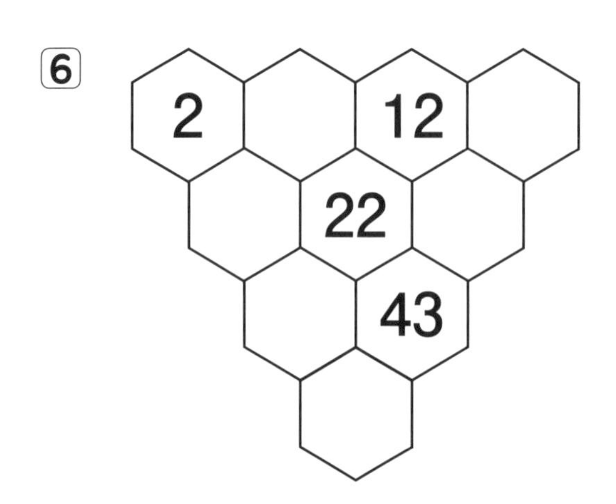

DAY 118 숫자 그림 다른 부분 찾기

월 일 정답 / 10문제 | 답 142p

아래의 숫자 그림에는 위의 그림과 다른 부분이 있습니다.
아래 그림의 다른 부분에 ○ 표를 하시오. 다른 숫자 하나당 한 곳으로 셉니다.

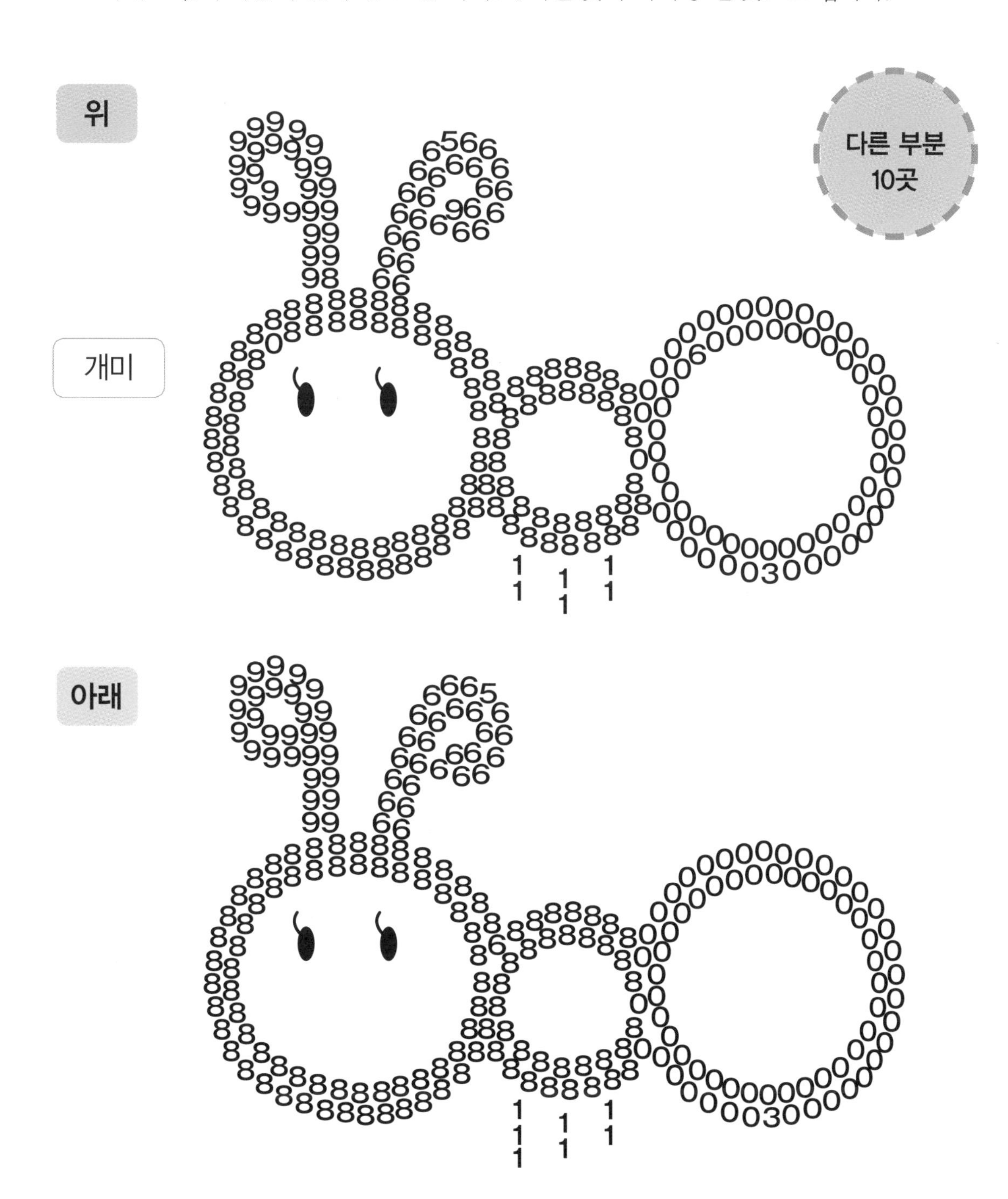

DAY 119 시간 계산

월　　일　　정답　　/ 12문제 | 답 142p

시계 아래의 시계를 보고 답하시오.

3시간 40분 후는 [　　시　　분]

6시간 30분 전은 [　　시　　분]

계산 시간의 덧셈, 뺄셈입니다. ○시간 ○분이라고 답하시오.

1. 8시간 11분 + 16시간 28분 = [　　시간　　분]
2. 7시간 22분 + 10시간 4분 = [　　시간　　분]
3. 18시간 31분 − 4시간 27분 = [　　시간　　분]
4. 2시간 44분 − 1시간 5분 = [　　시간　　분]
5. 12시간 42분 + 9시간 54분 = [　　시간　　분]
6. 18시간 8분 − 2시간 34분 = [　　시간　　분]
7. 5시간 39분 − 1시간 40분 = [　　시간　　분]
8. 2시간 58분 + 11시간 45분 = [　　시간　　분]
9. 11시간 13분 − 2시간 37분 = [　　시간　　분]
10. 11시간 59분 + 19시간 59분 = [　　시간　　분]

DAY 120 미로 계산 퍼즐

월 일 정답 / 6문제 | 답 142p

출발부터 도착까지 칸막이의 뚫려 있는 곳으로 지나가며 왼쪽 위의 숫자를 더하거나 빼서 답에 해당하는 숫자를 빈칸에 쓰면서 나아가시오.

1 덧셈

+36	+17	출발 16
+5	+25 도착	+13
+19	+42	+14

2 덧셈

+19	+37	출발 22
+3	+16	+25
+38 도착	+24	+15

3 뺄셈

-28	-16	출발 162
-5	-24	-13
-11 도착	-39	-7

4 뺄셈

-19	-29	출발 187
-8	-15	-6
-21	-44	-33 도착

5 덧셈 · 뺄셈

-52 도착	+41	출발 39
+9	-13	+21
-22	+18	-36

6 덧셈 · 뺄셈

+33	-47	출발 69
-7	+15 도착	-32
-16	+28	+14

LEVEL UP 1 쌍 덧셈

월 일 | 정답 / 6문제 | 답 143p

두 개의 수를 더하면 125가 되는 쌍이 세 쌍 있습니다. □ 안에 답을 쓰시오.

1

55	91	75	96	53	87
86	59	68	45	27	97
41	49	37	26	46	77
63	35	43	81	71	73
47	51	33	89	40	38
29	31	32	30	42	66

□와 □

□와 □

□와 □

2

88	85	96	73	98	91
26	38	53	32	83	30
51	45	31	55	36	74
39	49	92	46	81	68
97	69	61	34	35	43
58	71	63	78	76	41

□와 □

□와 □

□와 □

LEVEL UP 2 저울 퍼즐

월 일 정답 / 2문제 | 답 143p

추 안의 숫자는 무게를 나타냅니다. 같은 무게로 균형이 잡히도록 위에 있는 추에서 맞는 숫자를 골라 □ 안에 쓰시오.

1

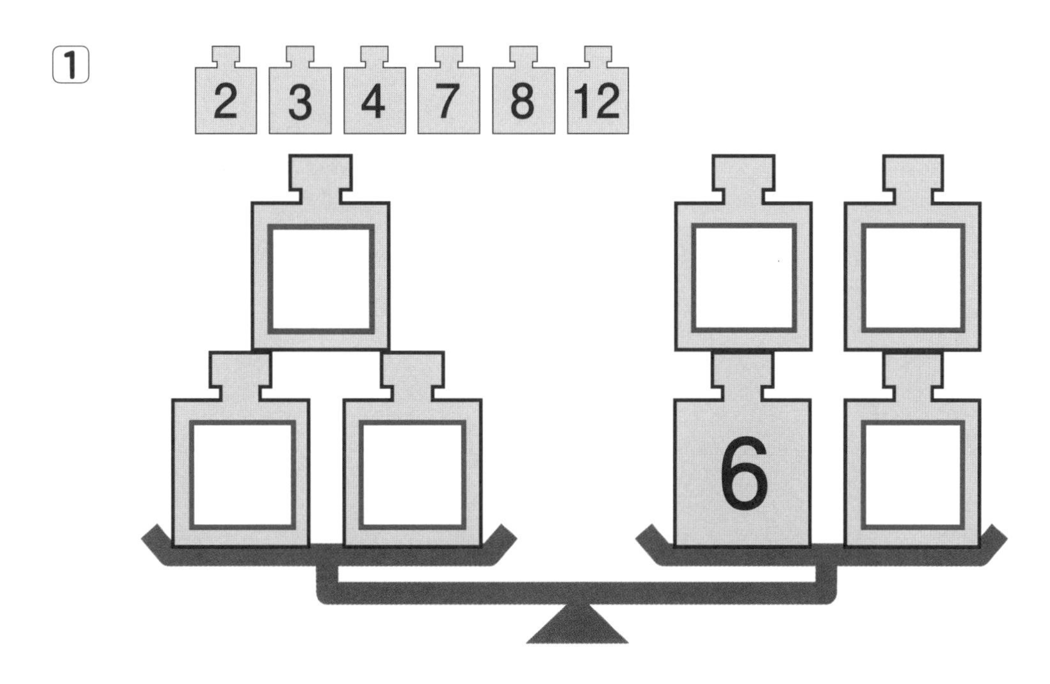

2

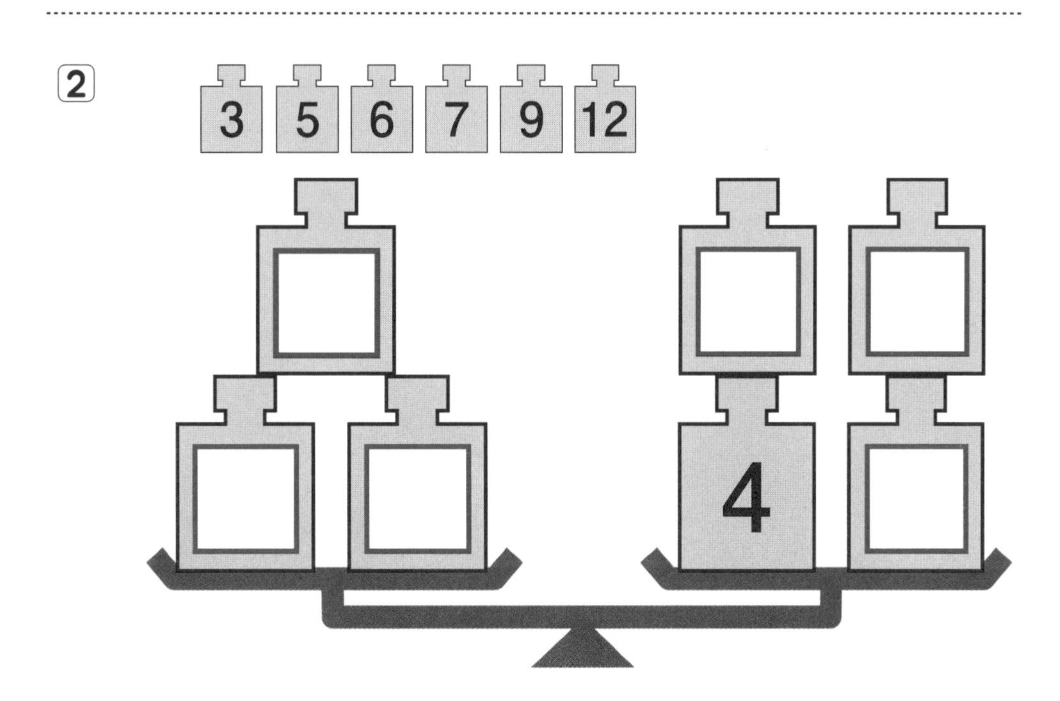

LEVEL UP 3 별 모양 퍼즐

월 일 정답 / 2문제 | 답 143p

예와 같이 삼각형의 꼭짓점에 있는 숫자 세 개를 더하면 한가운데의 숫자가 됩니다.
비어 있는 ○ 안에 맞는 숫자를 쓰시오.

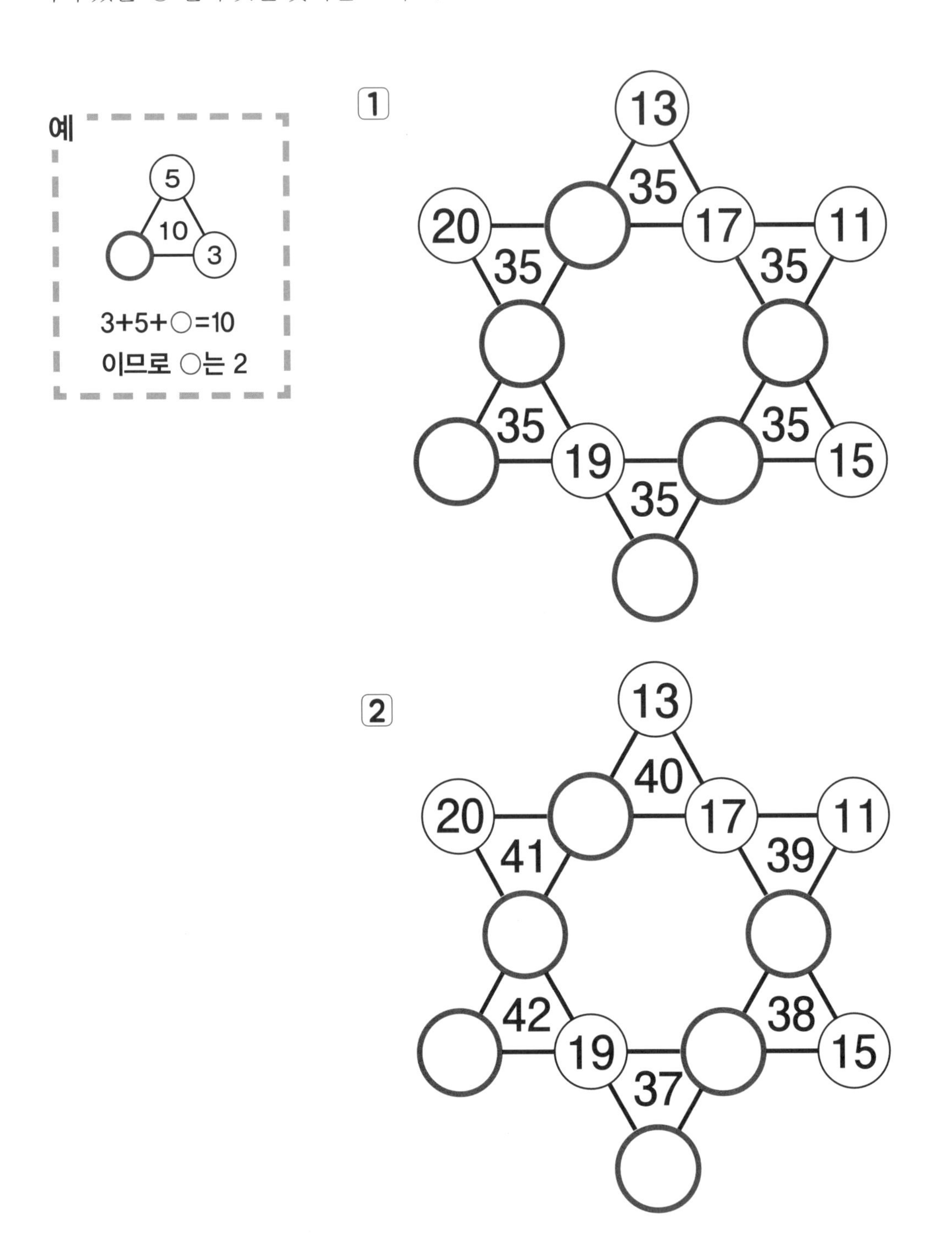

LEVEL UP 4 혼합 계산

월 일 정답 / 12문제 | 답 143p

계산을 해서 답을 숫자로 쓰시오. 글자를 숫자로 써서 계산해도 됩니다.

1. 백사십삼 − 쉰여섯 − 스물여덟 =
2. 스물 × ⚃ × 둘 =
3. 오백오 − 스물일곱 + 백넷 =
4. 천오백 ÷ 셋 =
5. 육백 ÷ 백스물 =
6. 삼십칠 × 쉰 =
7. 이천열여덟 + 삼천구백칠 =
8. 삼천다섯 − 팔백열다섯 =
9. 팔 × ⚅ × 셋 =
10. 이백다섯 + 쉰여섯 − 삼십팔 =
11. 예순여섯 × 백하나 =
12. 천여덟 + 오백 + 구백십이 =

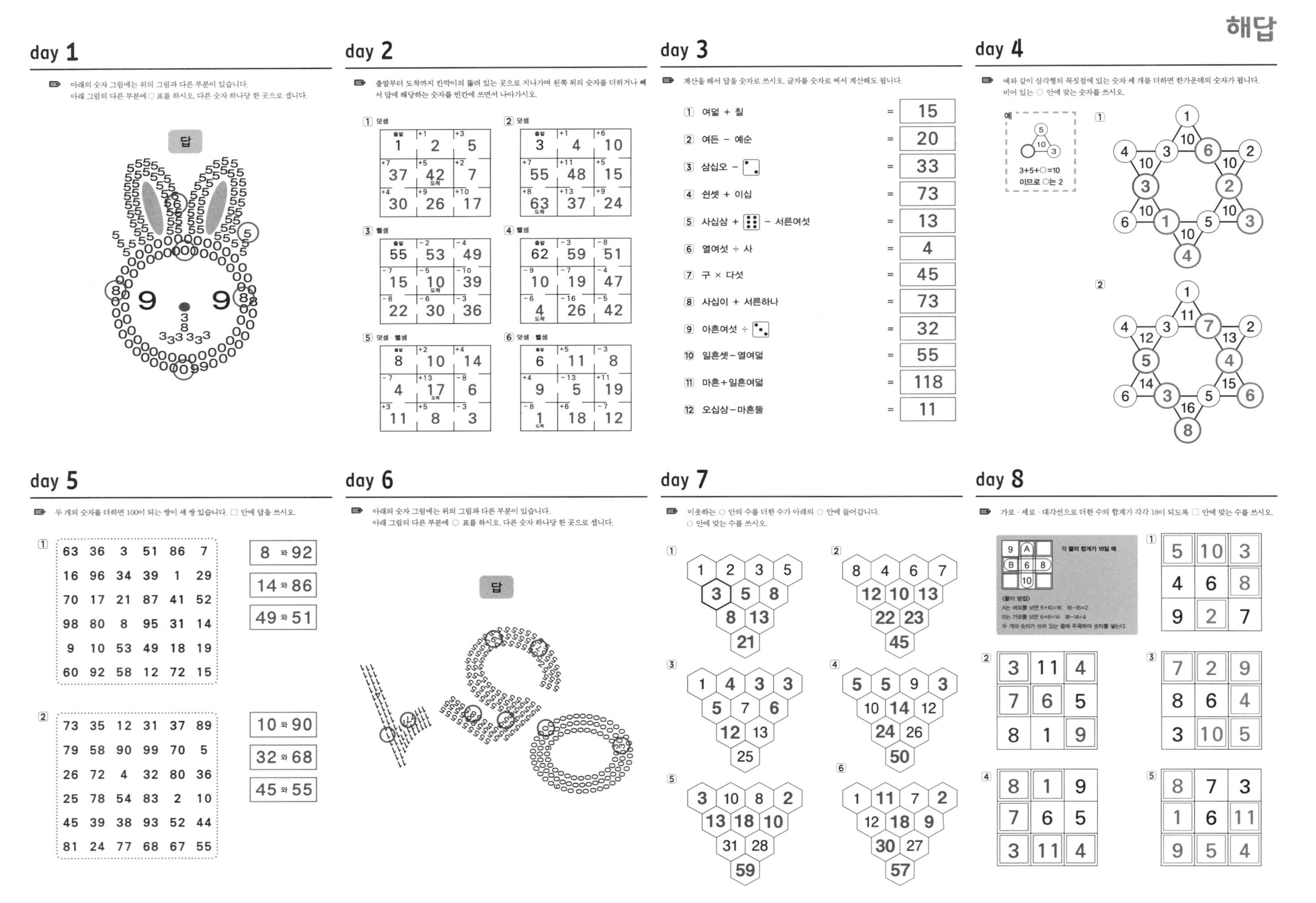
day 1
아래의 숫자 그림에는 위의 그림과 다른 부분이 있습니다.
아래 그림의 다른 부분에 ○ 표를 하시오. 다른 숫자 하나당 한 곳으로 셉니다.
답
day 2
출발부터 도착까지 칸막이의 뚫려 있는 곳으로 지나가며 왼쪽 위의 숫자를 더하거나 빼서 답에 해당하는 숫자를 빈칸에 쓰면서 나아가시오.
1 덧셈
2 덧셈
3 뺄셈
4 뺄셈
5 덧셈 · 뺄셈
6 덧셈 · 뺄셈
day 3
계산을 해서 답을 숫자로 쓰시오. 글자를 숫자로 써서 계산해도 됩니다.
1 여덟 + 칠 = 15
2 여든 − 예순 = 20
3 삼십오 − = 33
4 쉰셋 + 이십 = 73
5 사십삼 + − 서른여섯 = 13
6 열여섯 ÷ 사 = 4
7 구 × 다섯 = 45
8 사십이 + 서른하나 = 73
9 아흔여섯 ÷ = 32
10 일흔셋 − 열여덟 = 55
11 마흔 + 일흔여덟 = 118
12 오십삼 − 마흔둘 = 11
day 4
예와 같이 삼각형의 꼭짓점에 있는 숫자 세 개를 더하면 한가운데의 숫자가 됩니다.
비어 있는 ○ 안에 맞는 숫자를 쓰시오.
예
3+5+○=10
이므로 ○는 2
day 5
두 개의 숫자를 더하면 100이 되는 쌍이 세 쌍 있습니다. □ 안에 답을 쓰시오.
8 와 92
14 와 86
49 와 51
10 와 90
32 와 68
45 와 55
day 6
아래의 숫자 그림에는 위의 그림과 다른 부분이 있습니다.
아래 그림의 다른 부분에 ○ 표를 하시오. 다른 숫자 하나당 한 곳으로 셉니다.
답
day 7
이웃하는 ○ 안의 수를 더한 수가 아래의 ○ 안에 들어갑니다.
○ 안에 맞는 수를 쓰시오.
day 8
가로 · 세로 · 대각선으로 더한 수의 합계가 각각 18이 되도록 □ 안에 맞는 수를 쓰시오.
각 줄의 합계가 18일 때
(풀이 방법)
A는 세로를 보면 6+10=16 18−16=2
B는 가로를 보면 6+8=14 18−14=4
두 개의 숫자가 쓰여 있는 줄에 주목하여 숫자를 넣는다.

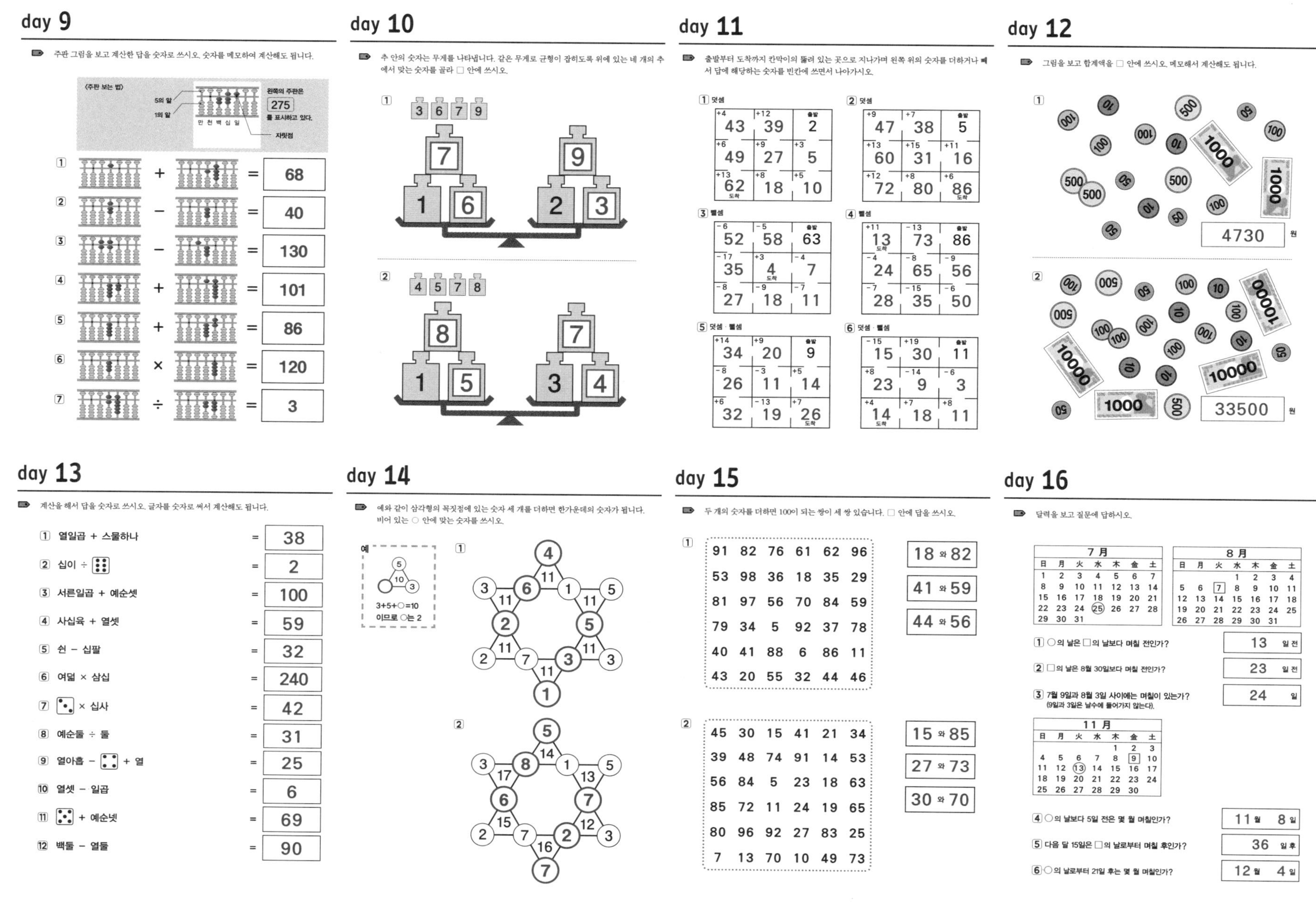

day 9
주판 그림을 보고 계산한 답을 숫자로 쓰시오. 숫자를 메모하여 계산해도 됩니다.
〈주판 보는 법〉
5의 알
1의 알
왼쪽의 주판은
275
를 표시하고 있다.
자릿점
1 = 68
2 = 40
3 = 130
4 = 101
5 = 86
6 = 120
7 = 3
day 10
추 안의 숫자는 무게를 나타냅니다. 같은 무게로 균형이 잡히도록 위에 있는 네 개의 추 예에서 맞는 숫자를 골라 □ 안에 쓰시오.
1 3 6 7 9
7 1 6 9 2 3
2 4 5 7 8
8 1 5 7 3 4
day 11
출발부터 도착까지 칸막이의 뚫려 있는 곳으로 지나가며 왼쪽 위의 숫자를 더하거나 빼서 답에 해당하는 숫자를 빈칸에 쓰면서 나아가시오.
1 덧셈
2 덧셈
3 뺄셈
4 뺄셈
5 덧셈 · 뺄셈
6 덧셈 · 뺄셈
day 12
그림을 보고 합계액을 □ 안에 쓰시오. 메모해서 계산해도 됩니다.
1 4730 원
2 33500 원
day 13
계산을 해서 답을 숫자로 쓰시오. 글자를 숫자로 써서 계산해도 됩니다.
1 열일곱 + 스물하나 = 38
2 십이 ÷ ⚅ = 2
3 서른일곱 + 예순셋 = 100
4 사십육 + 열셋 = 59
5 쉰 − 십팔 = 32
6 여덟 × 삼십 = 240
7 ⚂ × 십사 = 42
8 예순둘 ÷ 둘 = 31
9 열아홉 − ⚃ + 열 = 25
10 열셋 − 일곱 = 6
11 ⚄ + 예순넷 = 69
12 백둘 − 열둘 = 90
day 14
예와 같이 삼각형의 꼭짓점에 있는 숫자 세 개를 더하면 한가운데의 숫자가 됩니다. 비어 있는 ○ 안에 맞는 숫자를 쓰시오.
예
3+5+○=10
이므로 ○는 2
day 15
두 개의 숫자를 더하면 100이 되는 쌍이 세 쌍 있습니다. □ 안에 답을 쓰시오.
1 18 와 82
41 와 59
44 와 56
2 15 와 85
27 와 73
30 와 70
day 16
달력을 보고 질문에 답하시오.
1 ○의 날은 □의 날보다 며칠 전인가? 13 일 전
2 □의 날은 8월 30일보다 며칠 전인가? 23 일 전
3 7월 9일과 8월 3일 사이에는 며칠이 있는가? (9일과 3일은 날수에 들어가지 않는다). 24 일
4 ○의 날보다 5일 전은 몇 월 며칠인가? 11 월 8 일
5 다음 달 15일은 □의 날로부터 며칠 후인가? 36 일 후
6 ○의 날로부터 21일 후는 몇 월 며칠인가? 12 월 4 일
책을 가로로 놓고 보시오

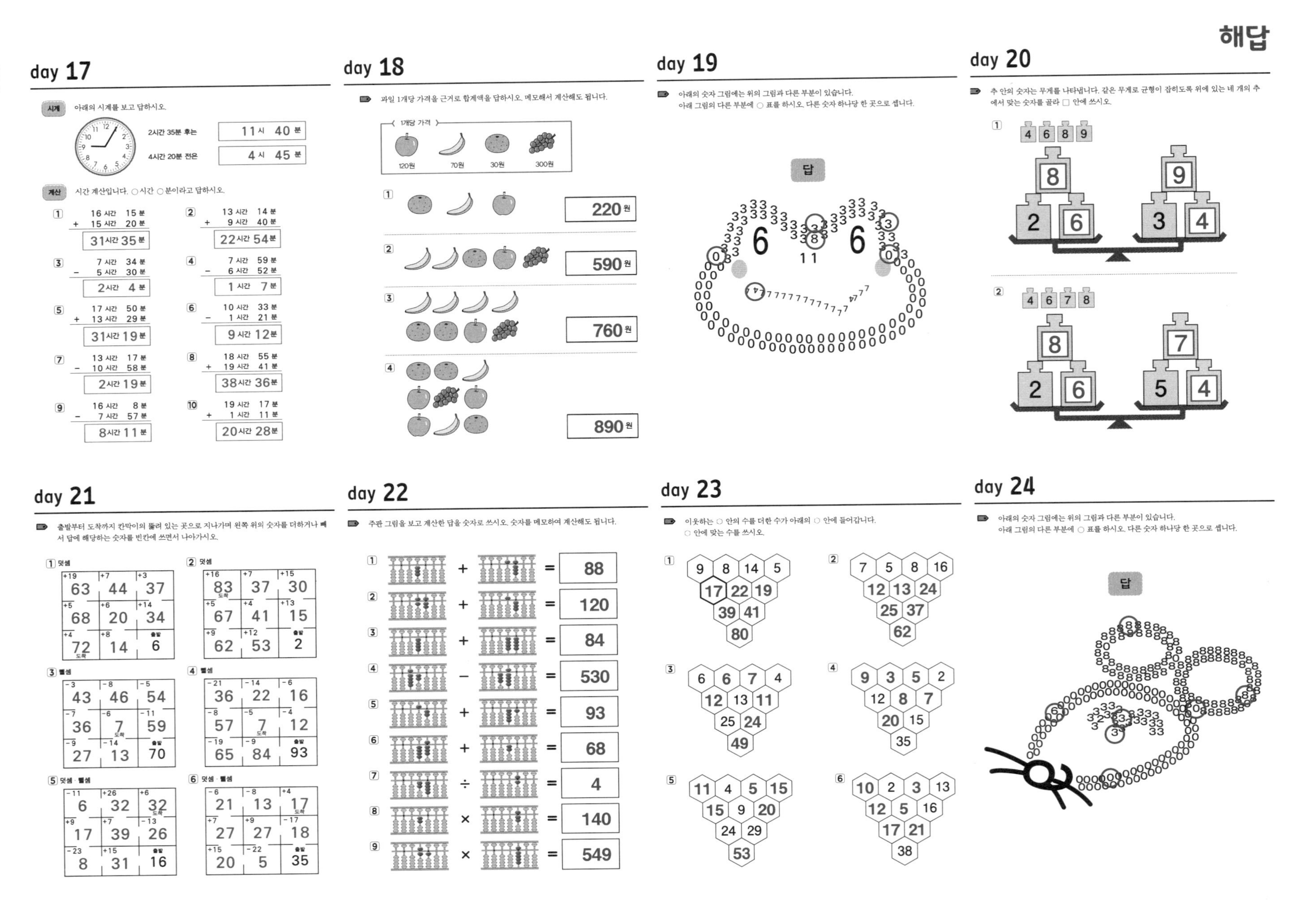

day 17

시계 아래의 시계를 보고 답하시오.

- 2시간 35분 후는 → 11시 40분
- 4시간 20분 전은 → 4시 45분

계산 시간 계산입니다. ○시간 ○분이라고 답하시오.

1. 16시간 15분 + 15시간 20분 = 31시간 35분
2. 13시간 14분 + 9시간 40분 = 22시간 54분
3. 7시간 34분 − 5시간 30분 = 2시간 4분
4. 7시간 59분 − 6시간 52분 = 1시간 7분
5. 17시간 50분 + 13시간 29분 = 31시간 19분
6. 10시간 33분 − 1시간 21분 = 9시간 12분
7. 13시간 17분 − 10시간 58분 = 2시간 19분
8. 18시간 55분 + 19시간 41분 = 38시간 36분
9. 16시간 8분 − 7시간 57분 = 8시간 11분
10. 19시간 17분 + 1시간 11분 = 20시간 28분

day 18

과일 1개당 가격을 근거로 합계액을 답하시오. 메모해서 계산해도 됩니다.

1개당 가격: 120원, 70원, 30원, 300원

1. 220원
2. 590원
3. 760원
4. 890원

day 19

아래의 숫자 그림에는 위의 그림과 다른 부분이 있습니다.
아래 그림의 다른 부분에 ○ 표를 하시오. 다른 숫자 하나당 한 곳으로 셉니다.

답

day 20

추 안의 숫자는 무게를 나타냅니다. 같은 무게로 균형이 잡히도록 위에 있는 네 개의 추에서 맞는 숫자를 골라 □ 안에 쓰시오.

1. 4 6 8 9 → 8, 2, 6 / 9, 3, 4
2. 4 6 7 8 → 8, 2, 6 / 7, 5, 4

day 21

출발부터 도착까지 칸막이의 뚫려 있는 곳으로 지나가며 왼쪽 위의 숫자를 더하거나 빼서 답에 해당하는 숫자를 빈칸에 쓰면서 나아가시오.

1 덧셈

+19 63	+7 44	+3 37
+5 68	+6 20	+14 34
+4 72 도착	+8 14	출발 6

2 덧셈

+16 83 도착	+7 37	+15 30
+5 67	+4 41	+13 15
+9 62	+12 53	출발 2

3 뺄셈

−3 43	−8 46	−5 54
−7 36	−6 7 도착	−11 59
−9 27	−14 13	출발 70

4 뺄셈

−21 36	−14 22	−6 16
−8 57	−5 7 도착	−4 12
−19 65	−9 84	출발 93

5 덧셈·뺄셈

−11 6	+26 32	+6 32 도착
+9 17	+7 39	−13 26
−23 8	+15 31	출발 16

6 덧셈·뺄셈

−6 21	−8 13	+4 17 도착
+7 27	+9 27	−17 18
+15 20	−22 5	출발 35

day 22

주판 그림을 보고 계산한 답을 숫자로 쓰시오. 숫자를 메모하여 계산해도 됩니다.

1. + = 88
2. + = 120
3. + = 84
4. − = 530
5. + = 93
6. + = 68
7. ÷ = 4
8. × = 140
9. × = 549

day 23

이웃하는 ○ 안의 수를 더한 수가 아래의 ○ 안에 들어갑니다.
○ 안에 맞는 수를 쓰시오.

1. 9 8 14 5 / 17 22 19 / 39 41 / 80
2. 7 5 8 16 / 12 13 24 / 25 37 / 62
3. 6 6 7 4 / 12 13 11 / 25 24 / 49
4. 9 3 5 2 / 12 8 7 / 20 15 / 35
5. 11 4 5 15 / 15 9 20 / 24 29 / 53
6. 10 2 3 13 / 12 5 16 / 17 21 / 38

day 24

아래의 숫자 그림에는 위의 그림과 다른 부분이 있습니다.
아래 그림의 다른 부분에 ○ 표를 하시오. 다른 숫자 하나당 한 곳으로 셉니다.

답

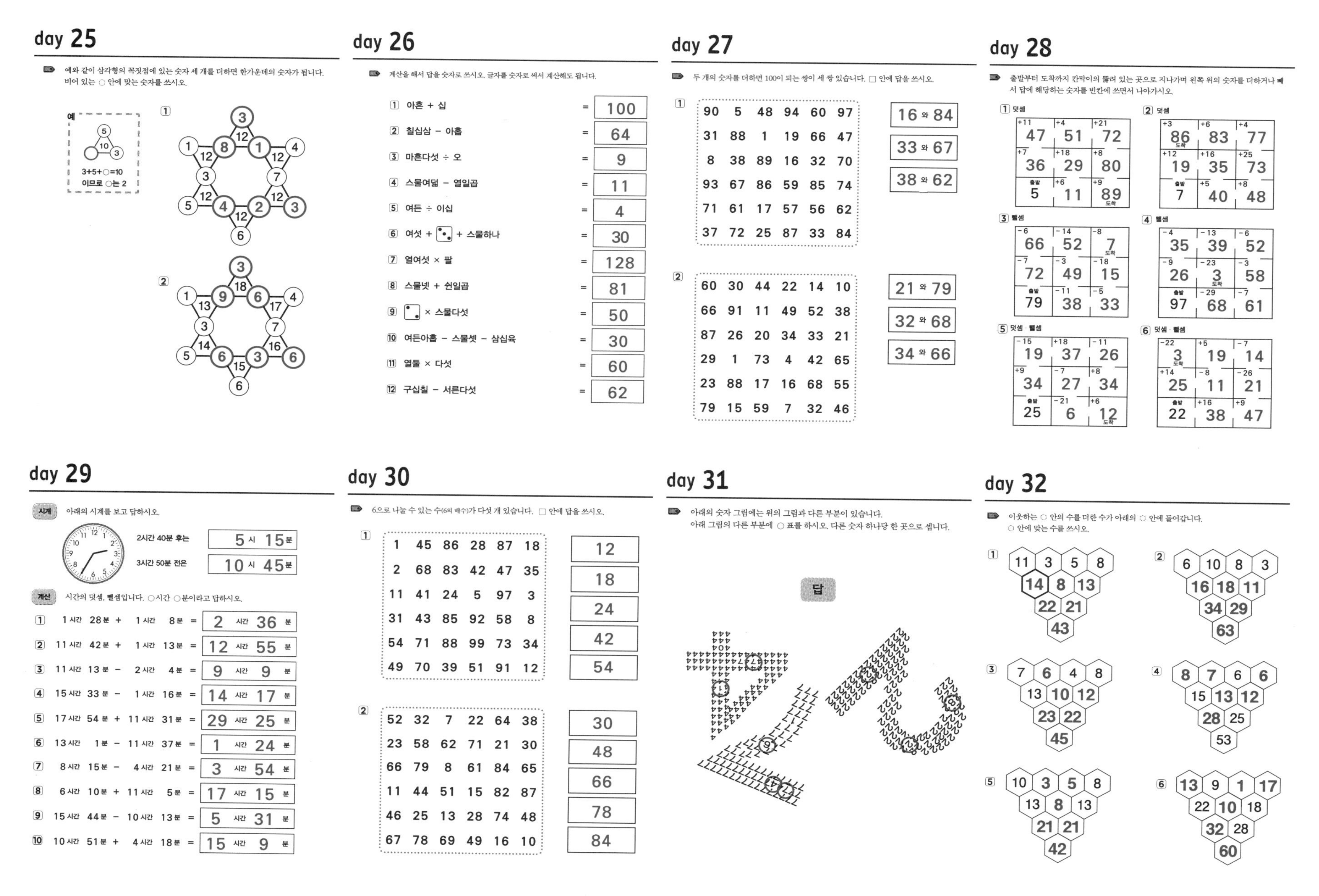

day 25
예와 같이 삼각형의 꼭짓점에 있는 숫자 세 개를 더하면 한가운데의 숫자가 됩니다.
비어 있는 ○ 안에 맞는 숫자를 쓰시오.
예
3+5+○=10
이므로 ○는 2
day 26
계산을 해서 답을 숫자로 쓰시오. 글자를 숫자로 써서 계산해도 됩니다.
1 아흔 + 십 = 100
2 칠십삼 − 아홉 = 64
3 마흔다섯 ÷ 오 = 9
4 스물여덟 − 열일곱 = 11
5 여든 ÷ 이십 = 4
6 여섯 + [주사위 3] + 스물하나 = 30
7 열여섯 × 팔 = 128
8 스물넷 + 쉰일곱 = 81
9 [주사위 2] × 스물다섯 = 50
10 여든아홉 − 스물셋 − 삼십육 = 30
11 열둘 × 다섯 = 60
12 구십칠 − 서른다섯 = 62
day 27
두 개의 숫자를 더하면 100이 되는 쌍이 세 쌍 있습니다. □ 안에 답을 쓰시오.
1 16 와 84
33 와 67
38 와 62
2 21 와 79
32 와 68
34 와 66
day 28
출발부터 도착까지 칸막이의 뚫려 있는 곳으로 지나가며 왼쪽 위의 숫자를 더하거나 빼서 답에 해당하는 숫자를 빈칸에 쓰면서 나아가시오.
1 덧셈
2 덧셈
3 뺄셈
4 뺄셈
5 덧셈 · 뺄셈
6 덧셈 · 뺄셈
출발
도착
day 29
시계 아래의 시계를 보고 답하시오.
2시간 40분 후는 5 시 15 분
3시간 50분 전은 10 시 45 분
계산 시간의 덧셈, 뺄셈입니다. ○시간 ○분이라고 답하시오.
1 1 시간 28 분 + 1 시간 8 분 = 2 시간 36 분
2 11 시간 42 분 + 1 시간 13 분 = 12 시간 55 분
3 11 시간 13 분 − 2 시간 4 분 = 9 시간 9 분
4 15 시간 33 분 − 1 시간 16 분 = 14 시간 17 분
5 17 시간 54 분 + 11 시간 31 분 = 29 시간 25 분
6 13 시간 1 분 − 11 시간 37 분 = 1 시간 24 분
7 8 시간 15 분 − 4 시간 21 분 = 3 시간 54 분
8 6 시간 10 분 + 11 시간 5 분 = 17 시간 15 분
9 15 시간 44 분 − 10 시간 13 분 = 5 시간 31 분
10 10 시간 51 분 + 4 시간 18 분 = 15 시간 9 분
day 30
6으로 나눌 수 있는 수(6의 배수)가 다섯 개 있습니다. □ 안에 답을 쓰시오.
1 12
18
24
42
54
2 30
48
66
78
84
day 31
아래의 숫자 그림에는 위의 그림과 다른 부분이 있습니다.
아래 그림의 다른 부분에 ○ 표를 하시오. 다른 숫자 하나당 한 곳으로 셉니다.
답
day 32
이웃하는 ○ 안의 수를 더한 수가 아래의 ○ 안에 들어갑니다.
○ 안에 맞는 수를 쓰시오.
책을 가로로 놓고 보시오

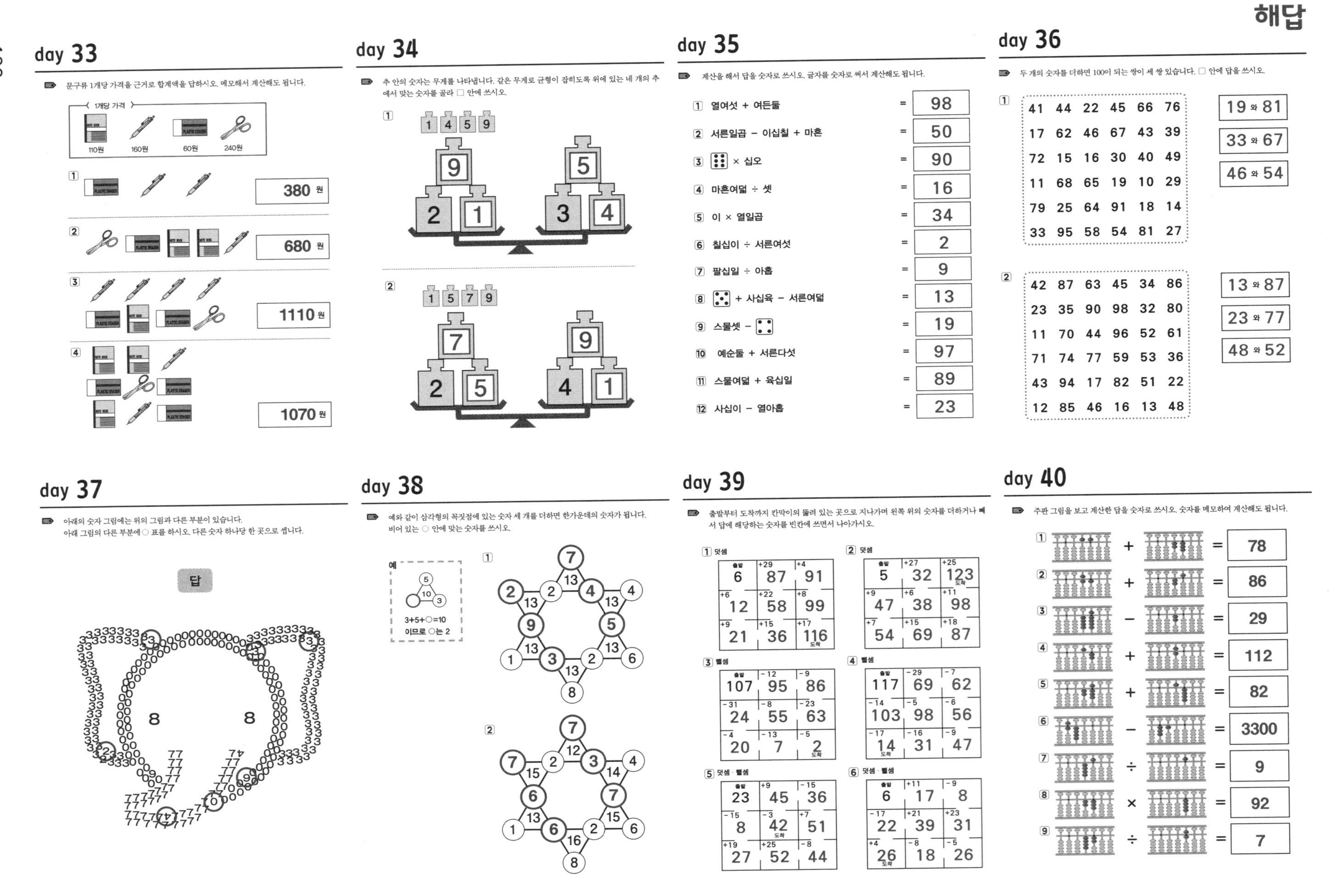

day 33
문구류 1개당 가격을 근거로 합계액을 답하시오. 메모해서 계산해도 됩니다.
1개당 가격
110원
160원
60원
240원
① 380 원
② 680 원
③ 1110 원
④ 1070 원
day 34
추 안의 숫자는 무게를 나타냅니다. 같은 무게로 균형이 잡히도록 위에 있는 네 개의 추에서 맞는 숫자를 골라 □ 안에 쓰시오.
① 1 4 5 9
9 2 1 5 3 4
② 1 5 7 9
7 2 5 9 4 1
day 35
계산을 해서 답을 숫자로 쓰시오. 글자를 숫자로 써서 계산해도 됩니다.
① 열여섯 + 여든둘 = 98
② 서른일곱 − 이십칠 + 마흔 = 50
③ × 십오 = 90
④ 마흔여덟 ÷ 셋 = 16
⑤ 이 × 열일곱 = 34
⑥ 칠십이 ÷ 서른여섯 = 2
⑦ 팔십일 ÷ 아홉 = 9
⑧ + 사십육 − 서른여덟 = 13
⑨ 스물셋 − = 19
⑩ 예순둘 + 서른다섯 = 97
⑪ 스물여덟 + 육십일 = 89
⑫ 사십이 − 열아홉 = 23
day 36
두 개의 숫자를 더하면 100이 되는 쌍이 세 쌍 있습니다. □ 안에 답을 쓰시오.
① 41 44 22 45 66 76
17 62 46 67 43 39
72 15 16 30 40 49
11 68 65 19 10 29
79 25 64 91 18 14
33 95 58 54 81 27
19 와 81
33 와 67
46 와 54
② 42 87 63 45 34 86
23 35 90 98 32 80
11 70 44 96 52 61
71 74 77 59 53 36
43 94 17 82 51 22
12 85 46 16 13 48
13 와 87
23 와 77
48 와 52
day 37
아래의 숫자 그림에는 위의 그림과 다른 부분이 있습니다.
아래 그림의 다른 부분에 ○ 표를 하시오. 다른 숫자 하나당 한 곳으로 셉니다.
답
day 38
예와 같이 삼각형의 꼭짓점에 있는 숫자 세 개를 더하면 한가운데의 숫자가 됩니다.
비어 있는 ○ 안에 맞는 숫자를 쓰시오.
예
3+5+○=10
이므로 ○는 2
day 39
출발부터 도착까지 칸막이의 뚫려 있는 곳으로 지나가며 왼쪽 위의 숫자를 더하거나 빼서 답에 해당하는 숫자를 빈칸에 쓰면서 나아가시오.
① 덧셈
② 덧셈
③ 뺄셈
④ 뺄셈
⑤ 덧셈 · 뺄셈
⑥ 덧셈 · 뺄셈
출발
도착
day 40
주판 그림을 보고 계산한 답을 숫자로 쓰시오. 숫자를 메모하여 계산해도 됩니다.
① + = 78
② + = 86
③ − = 29
④ + = 112
⑤ + = 82
⑥ − = 3300
⑦ ÷ = 9
⑧ × = 92
⑨ ÷ = 7

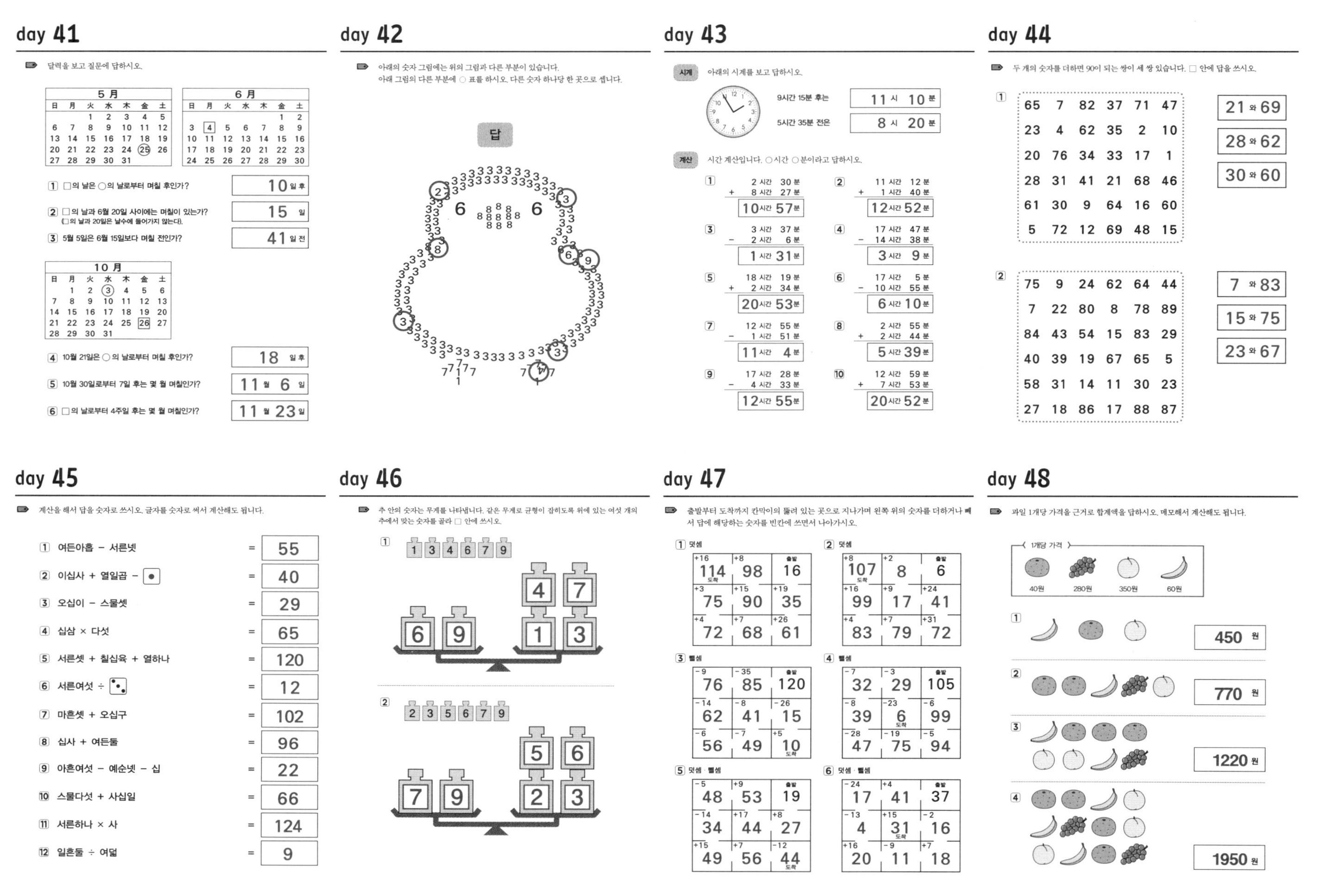

day 41

달력을 보고 질문에 답하시오.

5月						
日	月	火	水	木	金	土
		1	2	3	4	5
6	7	8	9	10	11	12
13	14	15	16	17	18	19
20	21	22	23	24	(25)	26
27	28	29	30	31		

6月						
日	月	火	水	木	金	土
					1	2
3	[4]	5	6	7	8	9
10	11	12	13	14	15	16
17	18	19	20	21	22	23
24	25	26	27	28	29	30

1. □의 날은 ○의 날로부터 며칠 후인가? — 10 일 후
2. □의 날과 6월 20일 사이에는 며칠이 있는가? (□의 날과 20일은 날수에 들어가지 않는다.) — 15 일
3. 5월 5일은 6월 15일보다 며칠 전인가? — 41 일 전

10月						
日	月	火	水	木	金	土
	1	2	(3)	4	5	6
7	8	9	10	11	12	13
14	15	16	17	18	19	20
21	22	23	24	25	[26]	27
28	29	30	31			

4. 10월 21일은 ○의 날로부터 며칠 후인가? — 18 일 후
5. 10월 30일로부터 7일 후는 몇 월 며칠인가? — 11 월 6 일
6. □의 날로부터 4주일 후는 몇 월 며칠인가? — 11 월 23 일

day 42

아래의 숫자 그림에는 위의 그림과 다른 부분이 있습니다.
아래 그림의 다른 부분에 ○ 표를 하시오. 다른 숫자 하나당 한 곳으로 셉니다.

답

day 43

시계 아래의 시계를 보고 답하시오.

9시간 15분 후는 — 11 시 10 분

5시간 35분 전은 — 8 시 20 분

계산 시간 계산입니다. ○시간 ○분이라고 답하시오.

1. 2 시간 30 분 + 8 시간 27 분 = 10시간 57분
2. 11 시간 12 분 + 1 시간 40 분 = 12시간 52분
3. 3 시간 37 분 − 2 시간 6 분 = 1 시간 31 분
4. 17 시간 47 분 − 14 시간 38 분 = 3 시간 9 분
5. 18 시간 19 분 + 2 시간 34 분 = 20시간 53분
6. 17 시간 5 분 − 10 시간 55 분 = 6 시간 10 분
7. 12 시간 55 분 − 1 시간 51 분 = 11시간 4 분
8. 2 시간 55 분 + 2 시간 44 분 = 5 시간 39 분
9. 17 시간 28 분 − 4 시간 33 분 = 12시간 55분
10. 12 시간 59 분 + 7 시간 53 분 = 20시간 52분

day 44

두 개의 숫자를 더하면 90이 되는 쌍이 세 쌍 있습니다. □ 안에 답을 쓰시오.

1.

65	7	82	37	71	47
23	4	62	35	2	10
20	76	34	33	17	1
28	31	41	21	68	46
61	30	9	64	16	60
5	72	12	69	48	15

21 와 69 / 28 와 62 / 30 와 60

2.

75	9	24	62	64	44
7	22	80	8	78	89
84	43	54	15	83	29
40	39	19	67	65	5
58	31	14	11	30	23
27	18	86	17	88	87

7 와 83 / 15 와 75 / 23 와 67

day 45

계산을 해서 답을 숫자로 쓰시오. 글자를 숫자로 써서 계산해도 됩니다.

1. 여든아홉 − 서른넷 = 55
2. 이십사 + 열일곱 − [•] = 40
3. 오십이 − 스물셋 = 29
4. 십삼 × 다섯 = 65
5. 서른셋 + 칠십육 + 열하나 = 120
6. 서른여섯 ÷ [⁘] = 12
7. 마흔셋 + 오십구 = 102
8. 십사 + 여든둘 = 96
9. 아흔여섯 − 예순넷 − 십 = 22
10. 스물다섯 + 사십일 = 66
11. 서른하나 × 사 = 124
12. 일흔둘 ÷ 여덟 = 9

day 46

추 안의 숫자는 무게를 나타냅니다. 같은 무게로 균형이 잡히도록 위에 있는 여섯 개의 추에서 맞는 숫자를 골라 □ 안에 쓰시오.

1. 1 3 4 6 7 9 — 6, 9 / 4, 7, 1, 3
2. 2 3 5 6 7 9 — 7, 9 / 5, 6, 2, 3

day 47

출발부터 도착까지 칸막이의 뚫려 있는 곳으로 지나가며 왼쪽 위의 숫자를 더하거나 빼서 답에 해당하는 숫자를 빈칸에 쓰면서 나아가시오.

1. 덧셈

+16 114 도착	+8 98	출발 16
+3 75	+15 90	+19 35
+4 72	+7 68	+26 61

2. 덧셈

+8 107 도착	+2 8	출발 6
+16 99	+9 17	+24 41
+4 83	+7 79	+31 72

3. 뺄셈

−9 76	−35 85	출발 120
−14 62	−8 41	−26 15
−6 56	−7 49	+5 10 도착

4. 뺄셈

−7 32	−3 29	출발 105
−8 39	−23 6 도착	−6 99
−28 47	−19 75	−5 94

5. 덧셈 · 뺄셈

−5 48	+9 53	출발 19
−14 34	+17 44	+8 27
+15 49	+7 56	−12 44 도착

6. 덧셈 · 뺄셈

−24 17	+4 41	출발 37
−13 4	+15 31 도착	−2 16
+16 20	−9 11	+7 18

day 48

과일 1개당 가격을 근거로 합계액을 답하시오. 메모해서 계산해도 됩니다.

1개당 가격: 40원, 280원, 350원, 60원

1. 450 원
2. 770 원
3. 1220 원
4. 1950 원

책을 가로로 놓고 보시오

해답

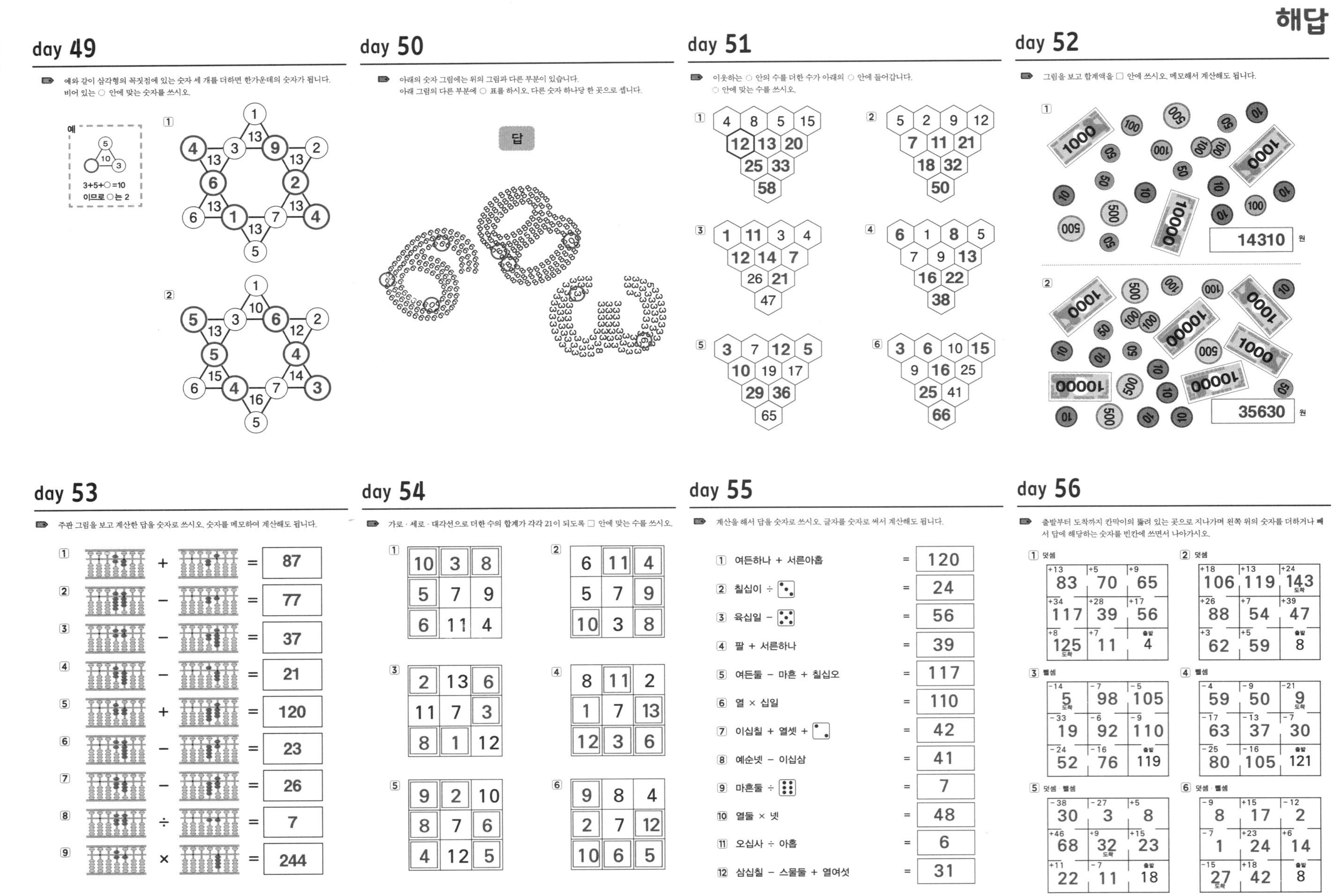
day 49
예와 같이 삼각형의 꼭짓점에 있는 숫자 세 개를 더하면 한가운데의 숫자가 됩니다.
비어 있는 ○ 안에 맞는 숫자를 쓰시오.
예
3+5+○=10
이므로 ○는 2
day 50
아래의 숫자 그림에는 위의 그림과 다른 부분이 있습니다.
아래 그림의 다른 부분에 ○ 표를 하시오. 다른 숫자 하나당 한 곳으로 셉니다.
답
day 51
이웃하는 ○ 안의 수를 더한 수가 아래의 ○ 안에 들어갑니다.
○ 안에 맞는 수를 쓰시오.
day 52
그림을 보고 합계액을 □ 안에 쓰시오. 메모해서 계산해도 됩니다.
14310 원
35630 원
day 53
주판 그림을 보고 계산한 답을 숫자로 쓰시오. 숫자를 메모하여 계산해도 됩니다.
87
77
37
21
120
23
26
7
244
day 54
가로 · 세로 · 대각선으로 더한 수의 합계가 각각 21이 되도록 □ 안에 맞는 수를 쓰시오.
day 55
계산을 해서 답을 숫자로 쓰시오. 글자를 숫자로 써서 계산해도 됩니다.
여든하나 + 서른아홉 = 120
칠십이 ÷ = 24
육십일 − = 56
팔 + 서른하나 = 39
여든둘 − 마흔 + 칠십오 = 117
열 × 십일 = 110
이십칠 + 열셋 + = 42
예순넷 − 이십삼 = 41
마흔둘 ÷ = 7
열둘 × 넷 = 48
오십사 ÷ 아홉 = 6
삼십칠 − 스물둘 + 열여섯 = 31
day 56
출발부터 도착까지 칸막이의 뚫려 있는 곳으로 지나가며 왼쪽 위의 숫자를 더하거나 빼서 답에 해당하는 숫자를 빈칸에 쓰면서 나아가시오.
덧셈
뺄셈
덧셈 · 뺄셈
출발
도착

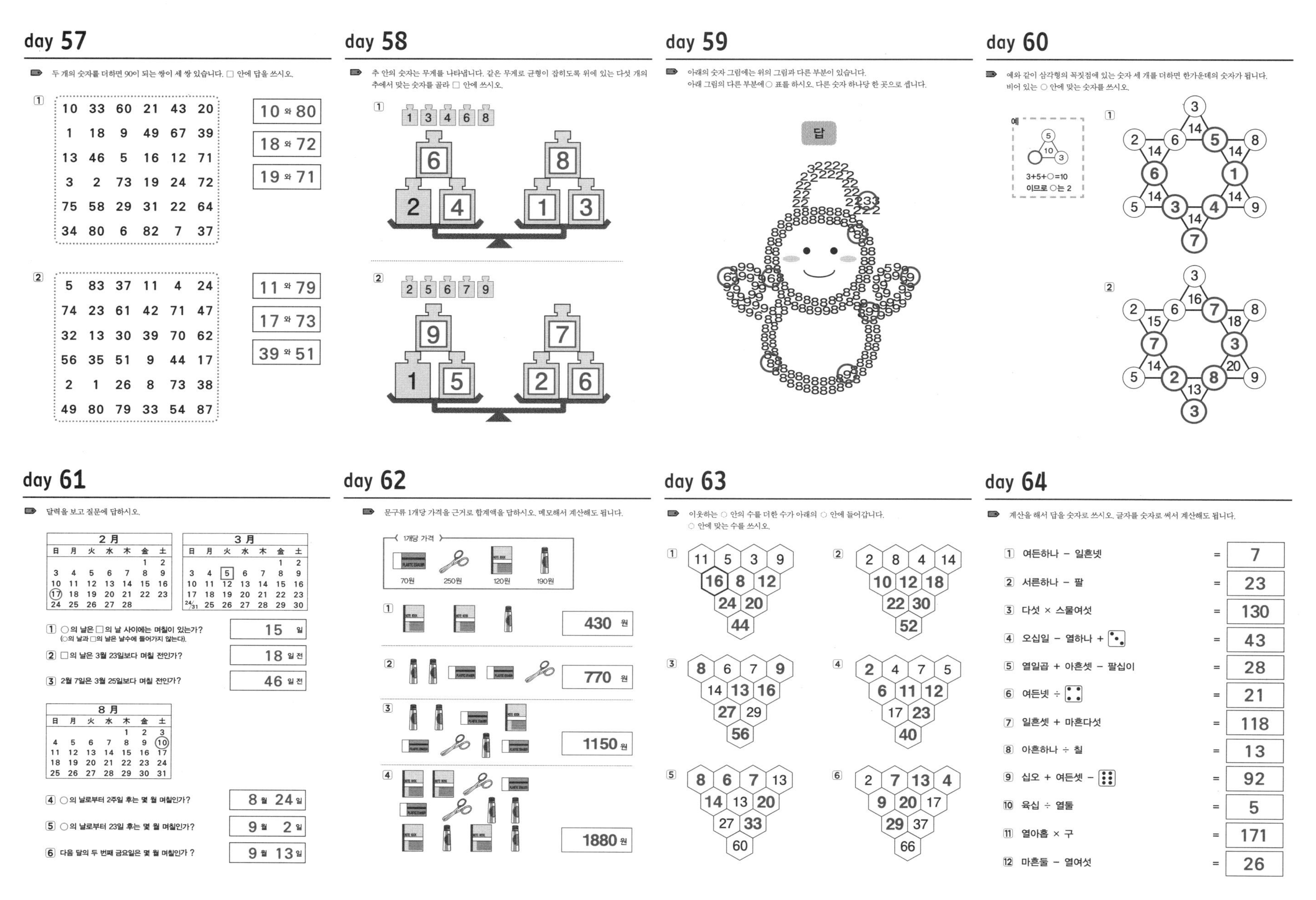

day 57

두 개의 숫자를 더하면 90이 되는 쌍이 세 쌍 있습니다. □ 안에 답을 쓰시오.

1

10	33	60	21	43	20
1	18	9	49	67	39
13	46	5	16	12	71
3	2	73	19	24	72
75	58	29	31	22	64
34	80	6	82	7	37

10 와 80

18 와 72

19 와 71

2

5	83	37	11	4	24
74	23	61	42	71	47
32	13	30	39	70	62
56	35	51	9	44	17
2	1	26	8	73	38
49	80	79	33	54	87

11 와 79

17 와 73

39 와 51

day 58

추 안의 숫자는 무게를 나타냅니다. 같은 무게로 균형이 잡히도록 위에 있는 다섯 개의 추에서 맞는 숫자를 골라 □ 안에 쓰시오.

1 1 3 4 6 8 — 6, 2, 4 / 8, 1, 3

2 2 5 6 7 9 — 9, 1, 5 / 7, 2, 6

day 59

아래의 숫자 그림에는 위의 그림과 다른 부분이 있습니다. 아래 그림의 다른 부분에 ○ 표를 하시오. 다른 숫자 하나당 한 곳으로 셉니다.

답

day 60

예와 같이 삼각형의 꼭짓점에 있는 숫자 세 개를 더하면 한가운데의 숫자가 됩니다. 비어 있는 ○ 안에 맞는 숫자를 쓰시오.

예 3+5+○=10 이므로 ○는 2

1 3, 5, 8, 1, 9, 4, 7, 3, 5, 6, 2, 6 (가운데 14)

2 3, 7, 8, 3, 9, 8, 3, 2, 5, 7, 2, 6 (16, 18, 20, 13, 14, 15)

day 61

달력을 보고 질문에 답하시오.

1 ○의 날은 □의 날 사이에는 며칠이 있는가? (○의 날과 □의 날은 날수에 들어가지 않는다.) — 15 일

2 □의 날은 3월 23일보다 며칠 전인가? — 18 일 전

3 2월 7일은 3월 25일보다 며칠 전인가? — 46 일 전

4 ○의 날로부터 2주일 후는 몇 월 며칠인가? — 8 월 24 일

5 ○의 날로부터 23일 후는 몇 월 며칠인가? — 9 월 2 일

6 다음 달의 두 번째 금요일은 몇 월 며칠인가? — 9 월 13 일

day 62

문구류 1개당 가격을 근거로 합계액을 답하시오. 메모해서 계산해도 됩니다.

1개당 가격: 70원, 250원, 120원, 190원

1 430 원

2 770 원

3 1150 원

4 1880 원

day 63

이웃하는 ○ 안의 수를 더한 수가 아래의 ○ 안에 들어갑니다. ○ 안에 맞는 수를 쓰시오.

1 11 5 3 9 / 16 8 12 / 24 20 / 44

2 2 8 4 14 / 10 12 18 / 22 30 / 52

3 8 6 7 9 / 14 13 16 / 27 29 / 56

4 2 4 7 5 / 6 11 12 / 17 23 / 40

5 8 6 7 13 / 14 13 20 / 27 33 / 60

6 2 7 13 4 / 9 20 17 / 29 37 / 66

day 64

계산을 해서 답을 숫자로 쓰시오. 글자를 숫자로 써서 계산해도 됩니다.

1 여든하나 − 일흔넷 = 7

2 서른하나 − 팔 = 23

3 다섯 × 스물여섯 = 130

4 오십일 − 열하나 + ⚂ = 43

5 열일곱 + 아흔셋 − 팔십이 = 28

6 여든넷 ÷ ⚃ = 21

7 일흔셋 + 마흔다섯 = 118

8 아흔하나 ÷ 칠 = 13

9 십오 + 여든셋 − ⚅ = 92

10 육십 ÷ 열둘 = 5

11 열아홉 × 구 = 171

12 마흔둘 − 열여섯 = 26

책을 가로로 놓고 보시오

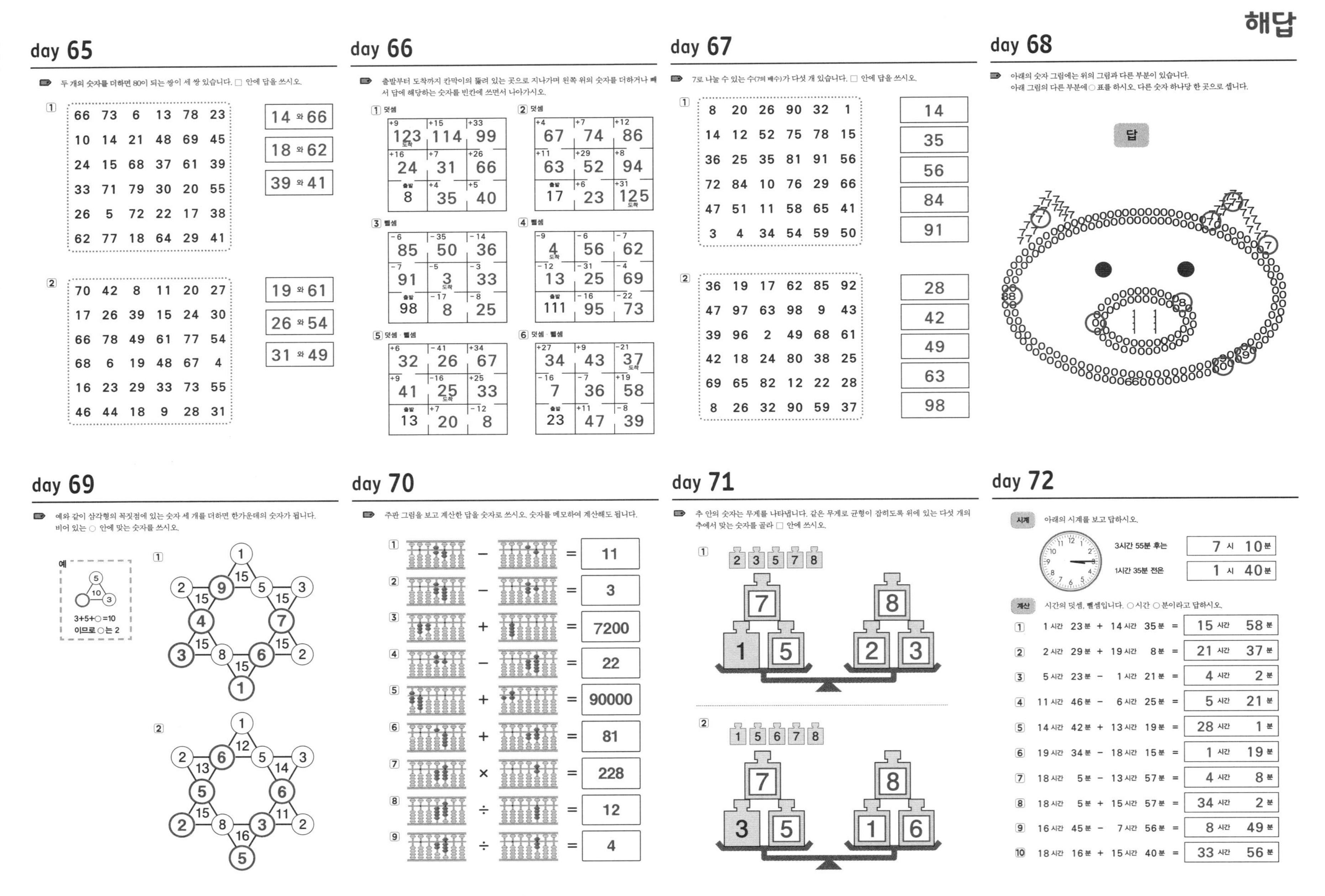

day 65

두 개의 숫자를 더하면 80이 되는 쌍이 세 쌍 있습니다. □ 안에 답을 쓰시오.

1

66	73	6	13	78	23
10	14	21	48	69	45
24	15	68	37	61	39
33	71	79	30	20	55
26	5	72	22	17	38
62	77	18	64	29	41

14 와 66
18 와 62
39 와 41

2

70	42	8	11	20	27
17	26	39	15	24	30
66	78	49	61	77	54
68	6	19	48	67	4
16	23	29	33	73	55
46	44	18	9	28	31

19 와 61
26 와 54
31 와 49

day 66

출발부터 도착까지 칸막이의 뚫려 있는 곳으로 지나가며 왼쪽 위의 숫자를 더하거나 빼서 답에 해당하는 숫자를 빈칸에 쓰면서 나아가시오.

1 덧셈

+9 123 도착	+15 114	+33 99
+16 24	+7 31	+26 66
출발 8	+4 35	+5 40

2 덧셈

+4 67	+7 74	+12 86
+11 63	+29 52	+8 94
출발 17	+6 23	+31 125 도착

3 뺄셈

-6 85	-35 50	-14 36
-7 91	-5 3 도착	-3 33
출발 98	-17 8	-8 25

4 뺄셈

-9 4 도착	-6 56	-7 62
-12 13	-31 25	-4 69
출발 111	-16 95	-22 73

5 덧셈·뺄셈

+6 32	-41 26	+34 67
+9 41	-16 25 도착	+25 33
출발 13	+7 20	-12 8

6 덧셈·뺄셈

+27 34	+9 43	-21 37 도착
-16 7	-7 36	+19 58
출발 23	+11 47	-8 39

day 67

7로 나눌 수 있는 수(7의 배수)가 다섯 개 있습니다. □ 안에 답을 쓰시오.

1

8	20	26	90	32	1
14	12	52	75	78	15
36	25	35	81	91	56
72	84	10	76	29	66
47	51	11	58	65	41
3	4	34	54	59	50

14
35
56
84
91

2

36	19	17	62	85	92
47	97	63	98	9	43
39	96	2	49	68	61
42	18	24	80	38	25
69	65	82	12	22	28
8	26	32	90	59	37

28
42
49
63
98

day 68

아래의 숫자 그림에는 위의 그림과 다른 부분이 있습니다.
아래 그림의 다른 부분에 ○ 표를 하시오. 다른 숫자 하나당 한 곳으로 셉니다.

답

day 69

예와 같이 삼각형의 꼭짓점에 있는 숫자 세 개를 더하면 한가운데의 숫자가 됩니다. 비어 있는 ○ 안에 맞는 숫자를 쓰시오.

예 3+5+○=10 이므로 ○는 2

1

2

day 70

주판 그림을 보고 계산한 답을 숫자로 쓰시오. 숫자를 메모하여 계산해도 됩니다.

1 − = 11
2 − = 3
3 + = 7200
4 − = 22
5 + = 90000
6 + = 81
7 × = 228
8 ÷ = 12
9 ÷ = 4

day 71

추 안의 숫자는 무게를 나타냅니다. 같은 무게로 균형이 잡히도록 위에 있는 다섯 개의 추에서 맞는 숫자를 골라 □ 안에 쓰시오.

1 2 3 5 7 8

2 1 5 6 7 8

day 72

시계 아래의 시계를 보고 답하시오.

3시간 55분 후는 7 시 10 분
1시간 35분 전은 1 시 40 분

계산 시간의 덧셈, 뺄셈입니다. ○시간 ○분이라고 답하시오.

1. 1 시간 23 분 + 14 시간 35 분 = 15 시간 58 분
2. 2 시간 29 분 + 19 시간 8 분 = 21 시간 37 분
3. 5 시간 23 분 − 1 시간 21 분 = 4 시간 2 분
4. 11 시간 46 분 − 6 시간 25 분 = 5 시간 21 분
5. 14 시간 42 분 + 13 시간 19 분 = 28 시간 1 분
6. 19 시간 34 분 − 18 시간 15 분 = 1 시간 19 분
7. 18 시간 5 분 − 13 시간 57 분 = 4 시간 8 분
8. 18 시간 5 분 + 15 시간 57 분 = 34 시간 2 분
9. 16 시간 45 분 − 7 시간 56 분 = 8 시간 49 분
10. 18 시간 16 분 + 15 시간 40 분 = 33 시간 56 분

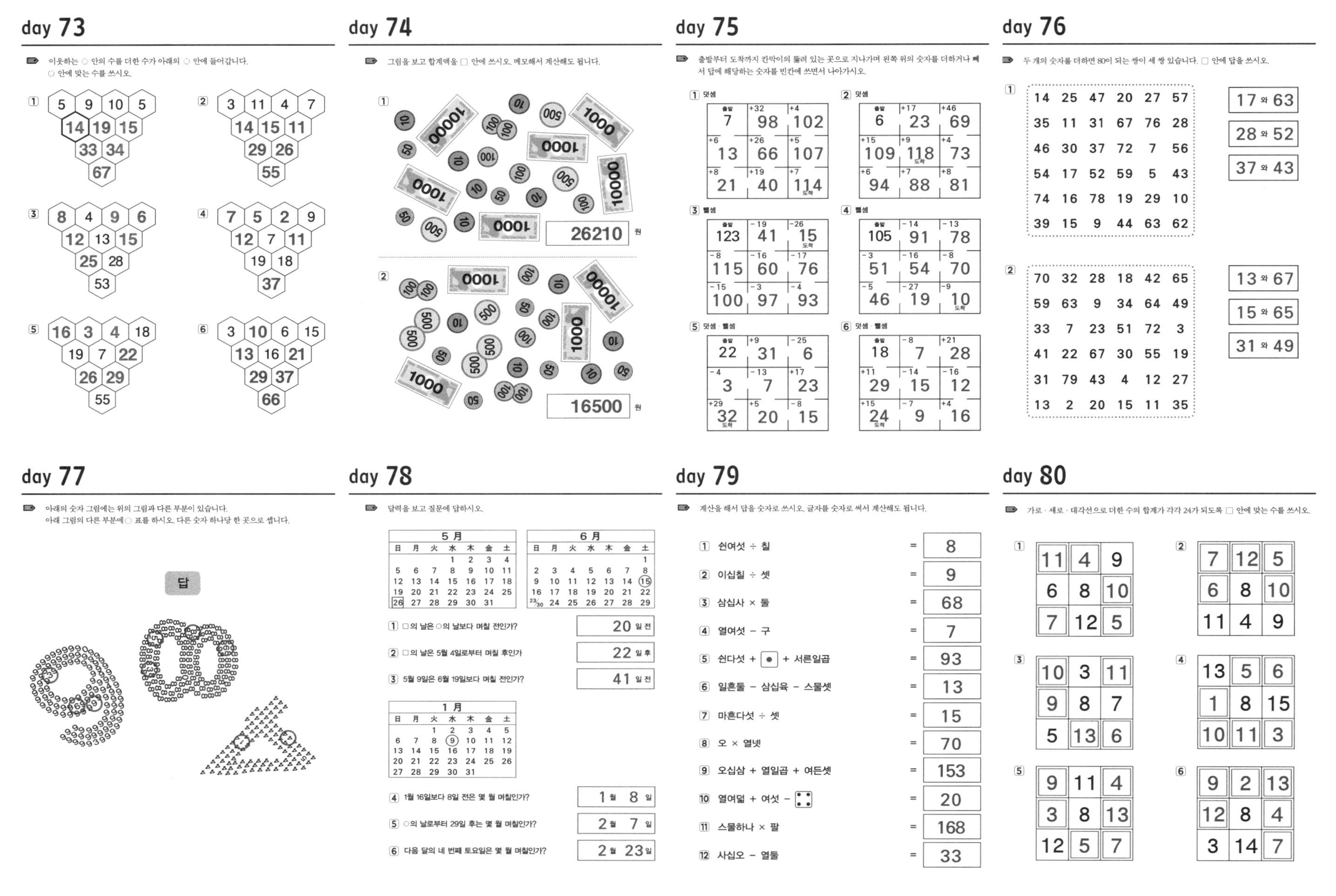
day 73
이웃하는 ○ 안의 수를 더한 수가 아래의 ○ 안에 들어갑니다.
○ 안에 맞는 수를 쓰시오.
day 74
그림을 보고 합계액을 □ 안에 쓰시오. 메모해서 계산해도 됩니다.
① 26210 원
② 16500 원
day 75
출발부터 도착까지 칸막이의 뚫려 있는 곳으로 지나가며 왼쪽 위의 숫자를 더하거나 빼서 답에 해당하는 숫자를 빈칸에 쓰면서 나아가시오.
① 덧셈
② 덧셈
③ 뺄셈
④ 뺄셈
⑤ 덧셈 · 뺄셈
⑥ 덧셈 · 뺄셈
day 76
두 개의 숫자를 더하면 80이 되는 쌍이 세 쌍 있습니다. □ 안에 답을 쓰시오.
① 17 와 63
28 와 52
37 와 43
② 13 와 67
15 와 65
31 와 49
day 77
아래의 숫자 그림에는 위의 그림과 다른 부분이 있습니다.
아래 그림의 다른 부분에 ○ 표를 하시오. 다른 숫자 하나당 한 곳으로 셉니다.
답
day 78
달력을 보고 질문에 답하시오.
① □의 날은 ○의 날보다 며칠 전인가? 20 일 전
② □의 날은 5월 4일로부터 며칠 후인가 22 일 후
③ 5월 9일은 6월 19일보다 며칠 전인가? 41 일 전
④ 1월 16일보다 8일 전은 몇 월 며칠인가? 1 월 8 일
⑤ ○의 날로부터 29일 후는 몇 월 며칠인가? 2 월 7 일
⑥ 다음 달의 네 번째 토요일은 몇 월 며칠인가? 2 월 23 일
day 79
계산을 해서 답을 숫자로 쓰시오. 글자를 숫자로 써서 계산해도 됩니다.
① 쉰여섯 ÷ 칠 = 8
② 이십칠 ÷ 셋 = 9
③ 삼십사 × 둘 = 68
④ 열여섯 − 구 = 7
⑤ 쉰다섯 + ● + 서른일곱 = 93
⑥ 일흔둘 − 삼십육 − 스물셋 = 13
⑦ 마흔다섯 ÷ 셋 = 15
⑧ 오 × 열넷 = 70
⑨ 오십삼 + 열일곱 + 여든셋 = 153
⑩ 열여덟 + 여섯 − ⁙ = 20
⑪ 스물하나 × 팔 = 168
⑫ 사십오 − 열둘 = 33
day 80
가로 · 세로 · 대각선으로 더한 수의 합계가 각각 24가 되도록 □ 안에 맞는 수를 쓰시오.
① 11 4 9 / 6 8 10 / 7 12 5
② 7 12 5 / 6 8 10 / 11 4 9
③ 10 3 11 / 9 8 7 / 5 13 6
④ 13 5 6 / 1 8 15 / 10 11 3
⑤ 9 11 4 / 3 8 13 / 12 5 7
⑥ 9 2 13 / 12 8 4 / 3 14 7
책을 가로로 놓고 보시오

해답

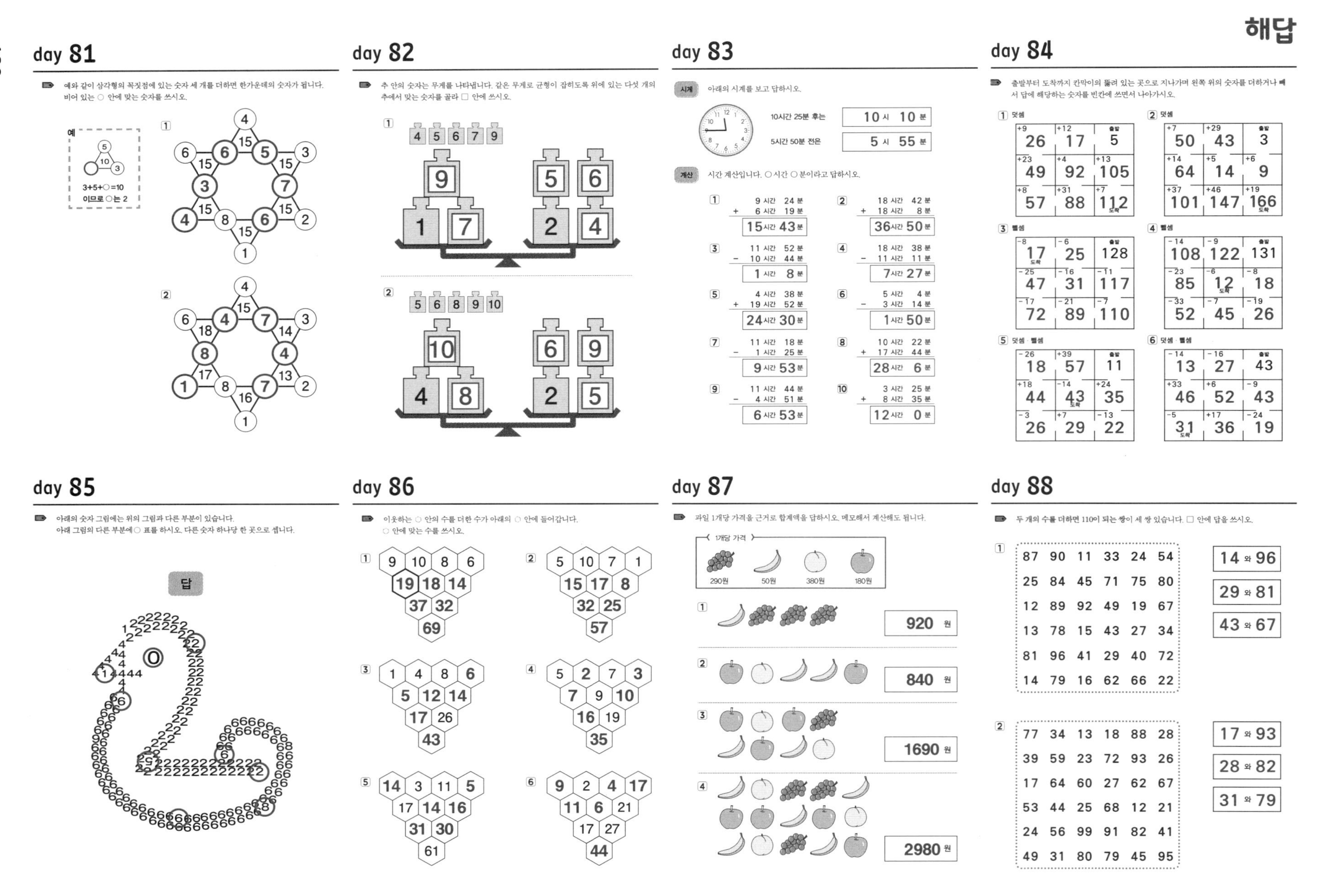

day 81

예와 같이 삼각형의 꼭짓점에 있는 숫자 세 개를 더하면 한가운데의 숫자가 됩니다. 비어 있는 ○ 안에 맞는 숫자를 쓰시오.

예: 3+5+○=10 이므로 ○는 2

1. 6, 5, 7, 6, 8, 3
2. 4, 7, 4, 7, 8, 1

day 82

추 안의 숫자는 무게를 나타냅니다. 같은 무게로 균형이 잡히도록 위에 있는 다섯 개의 추에서 맞는 숫자를 골라 □ 안에 쓰시오.

1. 9, 1, 7 / 5, 6, 2, 4
2. 10, 4, 8 / 6, 9, 2, 5

day 83

시계 아래의 시계를 보고 답하시오.

- 10시간 25분 후는 10 시 10 분
- 5시간 50분 전은 5 시 55 분

계산 시간 계산입니다. ○시간 ○분이라고 답하시오.

1. 9 시간 24 분 + 6 시간 19 분 = 15시간 43분
2. 18 시간 42 분 + 18 시간 8 분 = 36시간 50분
3. 11 시간 52 분 − 10 시간 44 분 = 1시간 8분
4. 18 시간 38 분 − 11 시간 11 분 = 7시간 27분
5. 4 시간 38 분 + 19 시간 52 분 = 24시간 30분
6. 5 시간 4 분 − 3 시간 14 분 = 1시간 50분
7. 11 시간 18 분 − 1 시간 25 분 = 9시간 53분
8. 10 시간 22 분 + 17 시간 44 분 = 28시간 6분
9. 11 시간 44 분 − 4 시간 51 분 = 6시간 53분
10. 3 시간 25 분 + 8 시간 35 분 = 12시간 0분

day 84

출발부터 도착까지 칸막이의 뚫려 있는 곳으로 지나가며 왼쪽 위의 숫자를 더하거나 빼서 답에 해당하는 숫자를 빈칸에 쓰면서 나아가시오.

1. 덧셈

+9 26	+12 17	출발 5
+23 49	+4 92	+13 105
+8 57	+31 88	+7 112 도착

2. 덧셈

+7 50	+29 43	출발 3
+14 64	+5 14	+6 9
+37 101	+46 147	+19 166 도착

3. 뺄셈

−8 17 도착	−6 25	출발 128
−25 47	−16 31	−11 117
−17 72	−21 89	−7 110

4. 뺄셈

−14 108	−9 122	출발 131
−23 85	−6 12 도착	−8 18
−33 52	−7 45	−19 26

5. 덧셈·뺄셈

−26 18	+39 57	출발 11
+18 44	−14 43 도착	+24 35
−3 26	+7 29	−13 22

6. 덧셈·뺄셈

−14 13	−16 27	출발 43
+33 46	+6 52	−9 43
−5 31 도착	+17 36	−24 19

day 85

아래의 숫자 그림에는 위의 그림과 다른 부분이 있습니다. 아래 그림의 다른 부분에 ○ 표를 하시오. 다른 숫자 하나당 한 곳으로 셉니다.

답

day 86

이웃하는 ○ 안의 수를 더한 수가 아래의 ○ 안에 들어갑니다. ○ 안에 맞는 수를 쓰시오.

1. 9, 10, 8, 6 / 19, 18, 14 / 37, 32 / 69
2. 5, 10, 7, 1 / 15, 17, 8 / 32, 25 / 57
3. 1, 4, 8, 6 / 5, 12, 14 / 17, 26 / 43
4. 5, 2, 7, 3 / 7, 9, 10 / 16, 19 / 35
5. 14, 3, 11, 5 / 17, 14, 16 / 31, 30 / 61
6. 9, 2, 4, 17 / 11, 6, 21 / 17, 27 / 44

day 87

과일 1개당 가격을 근거로 합계액을 답하시오. 메모해서 계산해도 됩니다.

1개당 가격: 290원, 50원, 380원, 180원

1. 920 원
2. 840 원
3. 1690 원
4. 2980 원

day 88

두 개의 수를 더하면 110이 되는 쌍이 세 쌍 있습니다. □ 안에 답을 쓰시오.

1.

87	90	11	33	24	54
25	84	45	71	75	80
12	89	92	49	19	67
13	78	15	43	27	34
81	96	41	29	40	72
14	79	16	62	66	22

14 와 96 / 29 와 81 / 43 와 67

2.

77	34	13	18	88	28
39	59	23	72	93	26
17	64	60	27	62	67
53	44	25	68	12	21
24	56	99	91	82	41
49	31	80	79	45	95

17 와 93 / 28 와 82 / 31 와 79

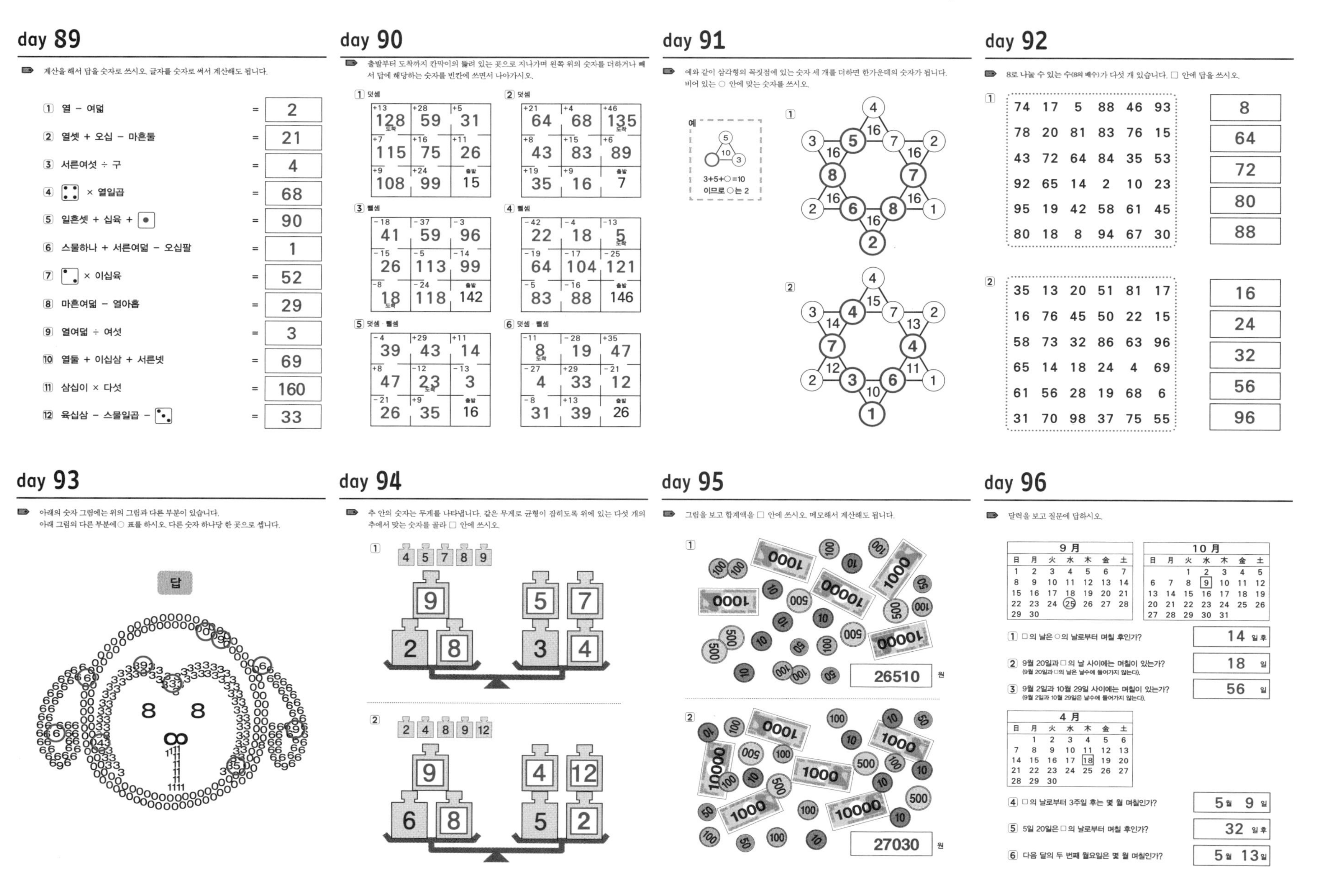
day 89
계산을 해서 답을 숫자로 쓰시오. 글자를 숫자로 써서 계산해도 됩니다.
1 열 − 여덟 = 2
2 열셋 + 오십 − 마흔둘 = 21
3 서른여섯 ÷ 구 = 4
4 × 열일곱 = 68
5 일흔셋 + 십육 + = 90
6 스물하나 + 서른여덟 − 오십팔 = 1
7 × 이십육 = 52
8 마흔여덟 − 열아홉 = 29
9 열여덟 ÷ 여섯 = 3
10 열둘 + 이십삼 + 서른넷 = 69
11 삼십이 × 다섯 = 160
12 육십삼 − 스물일곱 − = 33
day 90
출발부터 도착까지 칸막이의 뚫려 있는 곳으로 지나가며 왼쪽 위의 숫자를 더하거나 빼서 답에 해당하는 숫자를 빈칸에 쓰면서 나아가시오.
1 덧셈
2 덧셈
3 뺄셈
4 뺄셈
5 덧셈 · 뺄셈
6 덧셈 · 뺄셈
day 91
예와 같이 삼각형의 꼭짓점에 있는 숫자 세 개를 더하면 한가운데의 숫자가 됩니다. 비어 있는 ○ 안에 맞는 숫자를 쓰시오.
예
3+5+○=10
이므로 ○는 2
day 92
8로 나눌 수 있는 수(8의 배수)가 다섯 개 있습니다. □ 안에 답을 쓰시오.
1 8 64 72 80 88
2 16 24 32 56 96
day 93
아래의 숫자 그림에는 위의 그림과 다른 부분이 있습니다.
아래 그림의 다른 부분에 ○ 표를 하시오. 다른 숫자 하나당 한 곳으로 셉니다.
답
day 94
추 안의 숫자는 무게를 나타냅니다. 같은 무게로 균형이 잡히도록 위에 있는 다섯 개의 추에서 맞는 숫자를 골라 □ 안에 쓰시오.
1 4 5 7 8 9
2 2 4 8 9 12
day 95
그림을 보고 합계액을 □ 안에 쓰시오. 메모해서 계산해도 됩니다.
1 26510 원
2 27030 원
day 96
달력을 보고 질문에 답하시오.
9月
10月
4月
1 □의 날은 ○의 날로부터 며칠 후인가? 14 일 후
2 9월 20일과 □의 날 사이에는 며칠이 있는가? 18 일
(9월 20일과 □의 날은 날수에 들어가지 않는다.)
3 9월 2일과 10월 29일 사이에는 며칠이 있는가? 56 일
(9월 2일과 10월 29일은 날수에 들어가지 않는다.)
4 □의 날로부터 3주일 후는 몇 월 며칠인가? 5월 9일
5 5월 20일은 □의 날로부터 며칠 후인가? 32 일 후
6 다음 달의 두 번째 월요일은 몇 월 며칠인가? 5월 13일
책을 가로로 놓고 보시오

day 97

시계 아래의 시계를 보고 답하시오.

4시간 25분 후는 10 시 5 분

3시간 15분 전은 2 시 25 분

계산 시간의 덧셈, 뺄셈입니다. ○시간 ○분이라고 답하시오.

1. 3 시간 21 분 + 6 시간 33 분 = 9 시간 54 분
2. 1 시간 31 분 + 6 시간 25 분 = 7 시간 56 분
3. 6 시간 12 분 − 2 시간 11 분 = 4 시간 1 분
4. 14 시간 32 분 − 9 시간 14 분 = 5 시간 18 분
5. 16 시간 33 분 + 11 시간 35 분 = 28 시간 8 분
6. 12 시간 7 분 − 5 시간 22 분 = 6 시간 45 분
7. 7 시간 49 분 − 3 시간 55 분 = 3 시간 54 분
8. 3 시간 24 분 + 19 시간 43 분 = 23 시간 7 분
9. 10 시간 11 분 − 3 시간 54 분 = 6 시간 17 분
10. 10 시간 58 분 + 18 시간 43 분 = 29 시간 41 분

day 98

이웃하는 ○ 안의 수를 더한 수가 아래의 ○ 안에 들어갑니다. ○ 안에 맞는 수를 쓰시오.

1.
8 7 6 12
15 13 18
28 31
59

2.
13 4 9 6
17 13 15
30 28
58

3.
7 5 3 11
12 8 14
20 22
42

4.
5 9 8 5
14 17 13
31 30
61

5.
15 4 6 17
19 10 23
29 33
62

6.
16 10 8 5
26 18 13
44 31
75

day 99

두 개의 수를 더하면 110이 되는 쌍이 세 쌍 있습니다. □ 안에 답을 쓰시오.

1.

39	63	96	25	11	41
64	19	82	42	17	32
26	76	36	78	97	62
99	10	86	22	77	44
18	47	75	81	90	61
15	30	70	23	16	50

11 와 99
32 와 78
47 와 63

2.

53	46	24	75	72	69
98	56	22	54	45	49
94	32	10	27	58	43
92	44	23	20	63	81
40	71	88	42	76	48
91	28	41	85	84	33

22 와 88
41 와 69
54 와 56

day 100

계산을 해서 답을 숫자로 쓰시오. 글자를 숫자로 써서 계산해도 됩니다.

1. 아홉 + 십삼 = 22
2. 이십사 × 다섯 = 120
3. 스물다섯 + [주사위 3] − 스물둘 = 6
4. 열둘 + 칠십일 + 스물셋 = 106
5. 스물아홉 × 넷 = 116
6. 오십육 − 열여섯 = 40
7. 일흔넷 + [주사위 1] − 예순둘 = 13
8. 서른셋 ÷ 열하나 = 3
9. 서른하나 − 십구 = 12
10. 예순넷 − 마흔다섯 + [주사위 2] = 21
11. 스물여덟 ÷ 칠 = 4
12. 열넷 + 마흔넷 + 육십일 = 119

day 101

출발부터 도착까지 칸막이의 뚫려 있는 곳으로 지나가며 왼쪽 위의 숫자를 더하거나 빼서 답에 해당하는 숫자를 빈칸에 쓰면서 나아가시오.

1 덧셈

+15 143 도착	+7 128	+33 121
+13 17	+21 38	+9 88
출발 4	+16 54	+25 79

2 덧셈

+47 123	+11 76	+6 65
+4 127	+12 139 도착	+17 59
출발 6	+8 14	+28 42

3 뺄셈

−16 116	−25 91	−19 11 도착
−8 132	−7 84	−14 30
출발 140	−3 81	−37 44

4 뺄셈

−15 5 도착	−43 44	−9 87
−18 20	−6 38	−5 96
출발 138	−16 122	−21 101

5 덧셈 · 뺄셈

+16 31	−12 19	+21 40
−9 15	−27 24	+41 81
출발 17	+34 51	−8 73 도착

6 덧셈 · 뺄셈

−19 72	+24 96	−55 41
+16 91	−33 12 도착	+8 49
출발 75	+9 45	−13 36

day 102

예와 같이 삼각형의 꼭짓점에 있는 숫자 세 개를 더하면 한가운데의 숫자가 됩니다. 비어 있는 ○ 안에 맞는 숫자를 쓰시오.

예
3+5+○=10
이므로 ○는 2

1. 바깥: 4, 3, 5, 8, 9, 7 / 안쪽 ○: 8, 6, 2, 5, 4 / 가운데: 16, 16, 16, 16, 16, 16

2. 바깥: 4, 3, 8, 8, 9, 7 / 안쪽 ○: 7, 5, 1, 4, 5, 5 / 가운데: 16, 15, 14, 13, 18, 17

day 103

아래의 숫자 그림에는 위의 그림과 다른 부분이 있습니다.
아래 그림의 다른 부분에 ○ 표를 하시오. 다른 숫자 하나당 한 곳으로 셉니다.

답

day 104

가로 · 세로 · 대각선으로 더한 수의 합계가 각각 27이 되도록 □ 안에 맞는 수를 쓰시오.

1.

12	4	11
8	9	10
7	14	6

2.

8	13	6
7	9	11
12	5	10

3.

10	13	4
3	9	15
14	5	8

4.

8	4	15
16	9	2
3	14	10

5.

10	2	15
14	9	4
3	16	8

6.

10	1	16
15	9	3
2	17	8

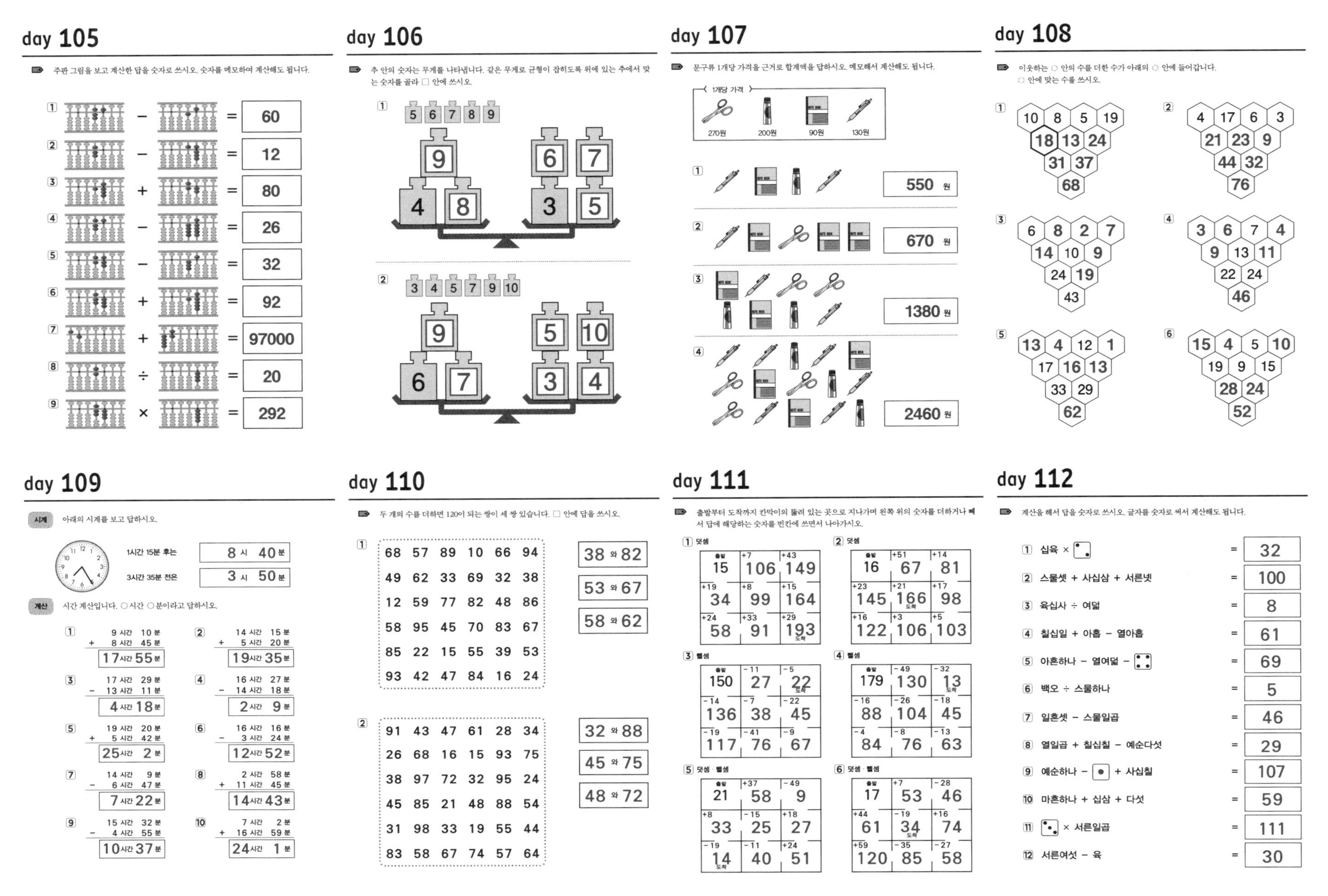

day 105

주판 그림을 보고 계산한 답을 숫자로 쓰시오. 숫자를 메모하여 계산해도 됩니다.

1. − = 60
2. − = 12
3. + = 80
4. − = 26
5. − = 32
6. + = 92
7. + = 97000
8. ÷ = 20
9. × = 292

day 106

추 안의 숫자는 무게를 나타냅니다. 같은 무게로 균형이 잡히도록 위에 있는 추에서 맞는 숫자를 골라 □ 안에 쓰시오.

1. 5 6 7 8 9 — 9, 4, 8 / 6, 7, 3, 5
2. 3 4 5 7 9 10 — 9, 6, 7 / 5, 10, 3, 4

day 107

문구류 1개당 가격을 근거로 합계액을 답하시오. 메모해서 계산해도 됩니다.

1개당 가격: 270원, 200원, 90원, 130원

1. 550 원
2. 670 원
3. 1380 원
4. 2460 원

day 108

이웃하는 ○ 안의 수를 더한 수가 아래의 ○ 안에 들어갑니다. ○ 안에 맞는 수를 쓰시오.

1. 10 8 5 19 / 18 13 24 / 31 37 / 68
2. 4 17 6 3 / 21 23 9 / 44 32 / 76
3. 6 8 2 7 / 14 10 9 / 24 19 / 43
4. 3 6 7 4 / 9 13 11 / 22 24 / 46
5. 13 4 12 1 / 17 16 13 / 33 29 / 62
6. 15 4 5 10 / 19 9 15 / 28 24 / 52

day 109

시계 아래의 시계를 보고 답하시오.

1시간 15분 후는 8 시 40 분

3시간 35분 전은 3 시 50 분

계산 시간 계산입니다. ○시간 ○분이라고 답하시오.

1. 9 시간 10 분 + 8 시간 45 분 = 17시간 55분
2. 14 시간 15 분 + 5 시간 20 분 = 19시간 35분
3. 17 시간 29 분 − 13 시간 11 분 = 4시간 18분
4. 16 시간 27 분 − 14 시간 18 분 = 2시간 9분
5. 19 시간 20 분 + 5 시간 42 분 = 25시간 2분
6. 16 시간 16 분 − 3 시간 24 분 = 12시간 52분
7. 14 시간 9 분 − 6 시간 47 분 = 7시간 22분
8. 2 시간 58 분 + 11 시간 45 분 = 14시간 43분
9. 15 시간 32 분 − 4 시간 55 분 = 10시간 37분
10. 7 시간 2 분 + 16 시간 59 분 = 24시간 1분

day 110

두 개의 수를 더하면 120이 되는 쌍이 세 쌍 있습니다. □ 안에 답을 쓰시오.

1.

68	57	89	10	66	94
49	62	33	69	32	38
12	59	77	82	48	86
58	95	45	70	83	67
85	22	15	55	39	53
93	42	47	84	16	24

38 와 82, 53 와 67, 58 와 62

2.

91	43	47	61	28	34
26	68	16	15	93	75
38	97	72	32	95	24
45	85	21	48	88	54
31	98	33	19	55	44
83	58	67	74	57	64

32 와 88, 45 와 75, 48 와 72

day 111

출발부터 도착까지 칸막이의 뚫려 있는 곳으로 지나가며 왼쪽 위의 숫자를 더하거나 빼서 답에 해당하는 숫자를 빈칸에 쓰면서 나아가시오.

1. 덧셈

출발 15	+7 106	+43 149
+19 34	+8 99	+15 164
+24 58	+33 91	+29 193 도착

2. 덧셈

출발 16	+51 67	+14 81
+23 145	+21 166 도착	+17 98
+16 122	+3 106	+5 103

3. 뺄셈

출발 150	−11 27	−5 22 도착
−14 136	−7 38	−22 45
−19 117	−41 76	−9 67

4. 뺄셈

출발 179	−49 130	−32 13 도착
−16 88	−26 104	−18 45
−4 84	−8 76	−13 63

5. 덧셈·뺄셈

출발 21	+37 58	−49 9
+8 33	−15 25	+18 27
−19 14 도착	−11 40	+24 51

6. 덧셈·뺄셈

출발 17	+7 53	−28 46
+44 61	−19 34 도착	+16 74
+59 120	−35 85	−27 58

day 112

계산을 해서 답을 숫자로 쓰시오. 글자를 숫자로 써서 계산해도 됩니다.

1. 십육 × ⚁ = 32
2. 스물셋 + 사십삼 + 서른넷 = 100
3. 육십사 ÷ 여덟 = 8
4. 칠십일 + 아홉 − 열아홉 = 61
5. 아흔하나 − 열여덟 − ⚃ = 69
6. 백오 ÷ 스물하나 = 5
7. 일흔셋 − 스물일곱 = 46
8. 열일곱 + 칠십칠 − 예순다섯 = 29
9. 예순하나 − ⚀ + 사십칠 = 107
10. 마흔하나 + 십삼 + 다섯 = 59
11. ⚂ × 서른일곱 = 111
12. 서른여섯 − 육 = 30

책을 가로로 놓고 보시오

해답

day 113

그림을 보고 합계액을 □ 안에 쓰시오. 메모해서 계산해도 됩니다.

1 17000 원

2 36280 원

day 114

예와 같이 삼각형의 꼭짓점에 있는 숫자 세 개를 더하면 한가운데의 숫자가 됩니다. 비어 있는 ○ 안에 맞는 숫자를 쓰시오.

예 3+5+○=10 이므로 ○는 2

1 (2), (9), (6), (8), (1), (4) / 17, 17, 17, 17, 17, 17

(2), (8), (4), (7), (2), (7) / 14, 15, 16, 18, 19, 17

day 115

주판 그림을 보고 계산한 답을 숫자로 쓰시오. 숫자를 메모하여 계산해도 됩니다.

1 − = 20
2 + = 10200
3 − = 11
4 + = 53000
5 + = 122
6 + = 82
7 × = 225
8 × = 63
9 ÷ = 7

day 116

9로 나눌 수 있는 수(9의 배수)가 다섯 개 있습니다. □ 안에 답을 쓰시오.

1
33 52 67 86 98 72
20 6 73 90 42 69
64 53 22 84 1 89
75 68 79 60 38 88
74 54 96 59 45 7
71 3 56 62 5 99

45, 54, 72, 90, 99

2
51 8 37 15 97 5
11 85 64 86 39 73
14 63 65 7 12 33
79 74 18 27 66 81
75 77 46 91 84 10
36 55 34 58 78 13

18, 27, 36, 63, 81

day 117

이웃하는 ○ 안의 수를 더한 수가 아래의 ○ 안에 들어갑니다. ○ 안에 맞는 수를 쓰시오.

1
3 13 2 7
16 15 9
31 24
55

2
17 6 4 9
23 10 13
33 23
56

3
1 3 8 5
4 11 13
15 24
39

4
3 9 7 6
12 16 13
28 29
57

5
3 11 7 9
14 18 16
32 34
66

6
2 10 12 9
12 22 21
34 43
77

day 118

아래의 숫자 그림에는 위의 그림과 다른 부분이 있습니다. 아래 그림의 다른 부분에 ○ 표를 하시오. 다른 숫자 하나당 한 곳으로 셉니다.

답

day 119

시계 아래의 시계를 보고 답하시오.

3시간 40분 후는 11 시 50 분

6시간 30분 전은 1 시 40 분

계산 시간의 덧셈, 뺄셈입니다. ○시간 ○분이라고 답하시오.

1 8 시간 11 분 + 16 시간 28 분 = 24 시간 39 분
2 7 시간 22 분 + 10 시간 4 분 = 17 시간 26 분
3 18 시간 31 분 − 4 시간 27 분 = 14 시간 4 분
4 2 시간 44 분 − 1 시간 5 분 = 1 시간 39 분
5 12 시간 42 분 + 9 시간 54 분 = 22 시간 36 분
6 18 시간 8 분 − 2 시간 34 분 = 15 시간 34 분
7 5 시간 39 분 − 1 시간 40 분 = 3 시간 59 분
8 2 시간 58 분 + 11 시간 45 분 = 14 시간 43 분
9 11 시간 13 분 − 2 시간 37 분 = 8 시간 36 분
10 11 시간 59 분 + 19 시간 59 분 = 31 시간 58 분

day 120

출발부터 도착까지 칸막이의 뚫려 있는 곳으로 지나가며 왼쪽 위의 숫자를 더하거나 빼서 답에 해당하는 숫자를 빈칸에 쓰면서 나아가시오.

1 덧셈

+36 145	+17 162	출발 16
+5 109	+25 187 도착	+13 29
+19 104	+42 85	+14 43

2 덧셈

+19 78	+37 59	출발 22
+3 81	+16 97	+25 122
+38 199 도착	+24 161	+15 137

3 뺄셈

−28 35	−16 63	출발 162
−5 30	−24 79	−13 149
−11 19 도착	−39 103	−7 142

4 뺄셈

−19 139	−29 158	출발 187
−8 131	−15 51	−6 45
−21 110	−44 66	−33 12 도착

5 덧셈 · 뺄셈

−52 5 도착	+41 57	출발 39
+9 29	−13 16	+21 60
−22 20	+18 42	−36 24

6 덧셈 · 뺄셈

+33 55	−47 22	출발 69
−7 48	+15 57 도착	−32 42
−16 32	+28 60	+14 74

day 121

두 개의 수를 더하면 125가 되는 쌍이 세 쌍 있습니다. □ 안에 답을 쓰시오.

①

55	91	75	96	53	87
86	59	68	45	27	97
41	49	37	26	46	77
63	35	43	81	71	73
47	51	33	89	40	38
29	31	32	30	42	66

29 와 96
38 와 87
59 와 66

②

88	85	96	73	98	91
26	38	53	32	83	30
51	45	31	55	36	74
39	49	92	46	81	68
97	69	61	34	35	43
58	71	63	78	76	41

34 와 91
49 와 76
51 와 74

day 122

추 안의 숫자는 무게를 나타냅니다. 같은 무게로 균형이 잡히도록 위에 있는 추에서 맞는 숫자를 골라 □ 안에 쓰시오.

① 2 3 4 7 8 12

12, 2, 7 / 4, 8, 6, 3

② 3 5 6 7 9 12

12, 5, 6 / 7, 9, 4, 3

day 123

예와 같이 삼각형의 꼭짓점에 있는 숫자 세 개를 더하면 한가운데의 숫자가 됩니다. 비어 있는 ○ 안에 맞는 숫자를 쓰시오.

예 5, 10, 3, ○
3+5+○=10
이므로 ○는 2

① 13, 20, 11, 15, 6, 3; 35 / 5, 10, 7, 13, 17, 19

② 13, 20, 11, 15, 12, 6; 40, 41, 39, 42, 38, 37 / 10, 11, 11, 12, 17, 19

day 124

계산을 해서 답을 숫자로 쓰시오. 글자를 숫자로 써서 계산해도 됩니다.

1. 백사십삼 − 쉰여섯 − 스물여덟 = 59
2. 스물 × ⁘ × 둘 = 160
3. 오백오 − 스물일곱 + 백넷 = 582
4. 천오백 ÷ 셋 = 500
5. 육백 ÷ 백스물 = 5
6. 삼십칠 × 쉰 = 1850
7. 이천열여덟 + 삼천구백칠 = 5925
8. 삼천다섯 − 팔백열다섯 = 2190
9. 팔 × ⠿ × 셋 = 144
10. 이백다섯 + 쉰여섯 − 삼십팔 = 223
11. 예순여섯 × 백하나 = 6666
12. 천여덟 + 오백 + 구백십이 = 2420

책을 가로로 놓고 보시오

뇌가 건강해지는

하루 10분 숫자 퍼즐

1 DAYS 10 MINS

1판 1쇄 인쇄 2019년 10월 18일
1판 1쇄 발행 2019년 10월 25일

감수자 | 가와시마 류타
펴낸이 | 김대환
펴낸곳 | 도서출판 잇북

디자인 | 한나영

주소 | (10893) 경기도 파주시 와석순환로 347, 212-1003
전화 | 031)948-4284
팩스 | 031)624-8875
이메일 | itbook1@gmail.com
블로그 | http://blog.naver.com/ousama99

등록 | 2008. 2. 26 제406-2008-000012호

ISBN 979-11-85370-24-8 13410

* 값은 뒤표지에 있습니다. 잘못 만든 책은 교환해드립니다.

이 도서의 국립중앙도서관 출판예정도서목록(CIP)은 서지정보유통지원시스템 홈페이지(http://seoji.nl.go.kr)와
국가자료종합목록 구축시스템(http://kolis-net.nl.go.kr)에서 이용하실 수 있습니다. (CIP제어번호 : CIP2019036968)